"十二五"职业教育国家规划教材
经全国职业教育教材审定委员会审定

（修订版）

路由型与交换型互联网基础

第 4 版

主　编　杨鹤男　张　鹏

副主编　闫立国　何　琳

参　编　包　楠　李晓隆　罗　忠　沈天瑢　闫昊伸

　　　　吴翰青　石　柳　周志荣　包清太　赵传兴

机械工业出版社

本书是"十二五"职业教育国家规划教材,是在第3版的基础上修订而成的。

本书是神州数码 DCNE 认证考试的指定教材,由"校企"双元队伍编写。全书共4个部分,分别为:网络基础知识和交换技术与设备,包括第2～第7章,主要介绍交换型网络结构和功能特点;路由技术与设备,包括第8～第11章,主要介绍路由型网络结构和功能特点;无线与安全技术,包括第12～第13章,主要介绍无线网络和网络安全的基本知识。本书内容涉及网络工程师实际工作中遇到的各种典型问题的主流知识点。

本书在第3版基础上增加了二维码,通过扫描二维码可观看相关知识的讲解视频。

本书可作为高等职业院校计算机应用专业和网络技术应用专业教材,或者作为交换机、路由品牌网络管理和网络维护的自学指导书,也可作为计算机网络工程技术岗位培训教材。

为便于教学,本书配有电子课件,选择本书作为教材的教师可来电(010-88379194)索取,或登录网站 www.cmpedu.com,注册后免费下载。

图书在版编目(CIP)数据

路由型与交换型互联网基础/杨鹤男,张鹏主编. —4版.

—北京:机械工业出版社,2021.4(2025.1重印)

"十二五"职业教育国家规划教材:修订版

ISBN 978-7-111-67837-3

Ⅰ. ①路… Ⅱ. ①杨… ②张… Ⅲ. ①互联网络—路由选择

—职业教育—教材 Ⅳ. ①TN915.05

中国版本图书馆CIP数据核字(2021)第052418号

机械工业出版社(北京市百万庄大街22号 邮政编码100037)

策划编辑:梁 伟 责任编辑:梁 伟 刘益汛
责任校对:张玉静 封面设计:鞠 杨
责任印制:常天培

天津嘉恒印务有限公司印刷

2025年1月第4版第7次印刷

184mm×260mm·12.25 印张·286 千字

标准书号:ISBN 978-7-111-67837-3

定价:39.80元

电话服务 网络服务

客服电话:010-88361066 机 工 官 网:www.cmpbook.com
　　　　　010-88379833 机 工 官 博:weibo.com/cmp1952
　　　　　010-68326294 金 书 网:www.golden-book.com
封底无防伪标均为盗版 机工教育服务网:www.cmpedu.com

前　言

本书是"十二五"职业教育国家规划教材，是在第3版的基础上修订而成的。

本书是神州数码DCNE（神州数码认证网络工程师）认证考试的指定学习教材，首先简明介绍了传统网络的基础知识，然后对主流的交换技术及其原理、路由技术及其原理进行了详细的阐述，最后讨论了无线技术和网络安全技术的基础理论和组网实践。

全书共4个部分，分别为：一、网络基础知识；二、交换技术与设备，包括第2～7章，主要介绍交换型网络结构和功能特点；三、路由技术与设备，包括第8～11章，主要介绍路由型网络结构和功能特点；四、无线与安全技术，包括第12、13章，主要介绍了无线网络和网络安全的基本知识。本书内容涉及网络工程师在实际工作中遇到的各种典型问题的主流知识点。

本书在第3版基础上增加了二维码，通过扫描二维码可观看相关知识的讲解视频。

本书适用于致力于从事企业网络搭建和技术实施的人员使用，也适合所有对计算机网络交换技术有兴趣的人士学习。

本书由"校企"双元团队编写。编写团队包括北京神州数码云科信息技术有限公司的杨鹤男、闫立国、包楠、李晓隆、张鹏，北京市求实职业学校的何琳、沈天瑢、闫昊伸、吴翰青，深圳市第二职业技术学校的罗忠，湖北生物科技职业学院的石柳，云南临沧职业技术学校的周志荣，广州市增城区广播电视大学的包清太，以及甘肃财贸职业学院的赵传兴。

本书由杨鹤男、张鹏任主编，闫立国、何琳任副主编。参与编写的还有包楠、李晓隆、罗忠、沈天瑢、闫昊伸、吴翰青、石柳、周志荣、包清太和赵传兴。本书的第1～3章由闫立国、包楠编写，第4、5章由张鹏、罗忠、周志荣编写，第6、7章由石柳、包清太、赵传兴编写，第8～11章由杨鹤男、何琳、沈天瑢编写，第12、13章由闫昊伸、吴翰青编写，李晓隆负责内容核对。

本书所用的图标：本书图标采用了神州数码图标库标准图标，除真实设备外，所有图标的逻辑示意如下。

高端路由
交换机

机架式三层
交换机

千兆三层
交换机

千兆二层
交换机

百兆三层
交换机

百兆二层
交换机

POE 千兆
交换机

通用网管
交换机

核心路由器

汇聚路由器

接入路由器

通用路由器

多核安全网关

WEB 应用安全
防火墙

通用防火墙

盒式 AC

无线发射器

室外 AP

机架式服务器

塔式服务器

笔记本计算机

台式计算机

手机

由于编者水平有限，书中不妥之处在所难免，恳请读者批评指正。

编 者

二维码索引

目 录 ///

第 3 部分　路由技术与设备

第 4 部分　无线与安全技术

第 1 部分

网络基础知识

计算机网络：利用通信设备和线路将地理位置不同的、功能独立的多个计算机系统互联，以功能完善的网络软件（即网络通信协议、信息交换方式、网络操作系统等）实现网络中资源共享和信息传递的系统。

第1章 网络基础

1.1 网络分层模型

计算机网络是用来在网络用户之间提供通信和信息共享功能的。为了完成这种通信过程，计算机网络中的设备需要协同操作，对某些约定也需要达成共识。在很多方面，人与人之间的通信与网络通信很类似。本章中将使用人与人之间的通信过程以示范网络通信的基本过程。

假设一个叫 John 的人想写一封信发给一个叫 Jane 的人。他需要纸和笔，纸和笔相当于他为表达信件内容所使用的"应用程序"。例如，用来生成信件、备忘录和其他类型文档的字处理器。

John 和 Jane 使用相同的语言英语。John 将用英语写信给 Jane，这就是 John 表达自己思想的方式，把要传达的信息写在纸上给 Jane 读。诸如字处理器的应用程序在计算机上也以特定的语言或者格式存储信息。

John 开始写信，信的开始是称呼，完成信的主体后以结束语收尾。当人们使用计算机通过计算机网络通信时，会发生一个类似的过程，这个过程称为会话。网络会话由下列部分构成：取已经准备好的消息，在选定的应用程序中（纸和笔）以相同的语言（英语）写，在接收者和发送者之间建立一个对话。发送者告诉接收者有一条消息要发送，接收者同意（有时不同意）接收消息，当接收者接收完毕整个消息，再与发送者协调结束对话，完成会话过程。接收者则可以打开并使用相同的语言和应用程序读取消息。

信写好了之后，John 还必须把信装进一个信封写上地址，这样 Jane 才能收到信。写地址的时候，John 首先写的是 Jane 的名字，以确保信件正确投送到目的地。信件投送到了正确地址之后就会交给 Jane。John 也会在信封上适当的位置写上自己的名字。在网络中这相当于给不同的应用加上特有的标识，常称为应用端口号。

不仅 John 和 Jane 的名字都写在信封上，他们的地址也必须都写在信封上。姓名连同地址使得信件到达正确的目的地和收信人。回信地址表明是谁写的这封信。我们想要在网络上发送信息的时候，必须知道消息将要发送到的详细地址（应用程序）和一般地址（计算机处所）。正如一个地址会有多个人一样，在一台计算机上可能有多个用户应用程序。在网络中每条消息都有明确的目的地，当消息在网络中传输时，地址信息将帮助沿途的设备选择正确的路径投递。

John 写完信之后把它放在信封里面并写上地址，他还要投信。信件可以通过很多种途径送给投递员，投递员可以通过步行、驾驶汽车或者驾驶飞机把这封信和其他信件运送到目的邮局。信件在邮局分拣，邮局人员可以把它们送到最终目的地，也可能使用不同的运输手段，如卡车。在网络中，信息也是从一个地方传送到另外一个地方直至目的地。像我们给出的例子一样，在网络中传送信息也有很多种方式。网络的终端设备就是通过这些不同种类的传送信息方式建立连接的。在网络中，这个过程相当于网络设备在投递过程中选择了不同类型的网络传输这一消息，比如有时用了租用的线路，而有时用到了局域网的线路等。

从以上描述也不难发现，一个人给另一个人寄一封信的过程中要发生很多事情。类似的，通过网络发送信息的时候也会发生很多事情。例如，一个文件也许是使用 E-mail 通过 Internet 发送的。最后，信息不管是通过卡车还是人传输，都需要某种物理路径，卡车使用的是公路。投递员使用的是人行道。在所有这些物理路径的作用下，消息最终到达目的地。

理解了这些过程与网络传输消息的对应关系后，就对网络中为何需要那些不胜枚举的协议有了一些认识。网络协议的作用就是帮助各种各样的网络设备准确无误地传递各种消息。在传输过程中电信号会受到各种各样的干扰而变形甚至丢失，网络协议尽可能考虑到各种情况而制定，以实现消息的最大无误传输。

下面将着重了解一下 OSI（Open System Interconnection，开放系统互联）参考模型。

OSI 参考模型有 7 层，逻辑上分为两个部分：底层的 1 ～ 4 层关心的是原始数据的传输，高层的 5 ～ 7 层关心的是基于网络的应用程序。学习 OSI 参考模型的两个重要原因是：

1）OSI 参考模型的使用现在非常广泛，数据通信文本是以 OSI 模型来表示其结构的。

2）更为重要的是，理解了 OSI 各层的功能才可能理解许多不同种类的网络协议、产品和服务。

在计算机网络产生之初，每个计算机厂商都有一套自己的网络体系结构，它们之间互不相容。为此，国际标准化组织（ISO）在 1979 年建立了一个分委员会来专门研究一种用于开放系统互联的体系结构，"开放"这个词表示：只要遵循 OSI 标准，一个系统可以和位于世界上任何地方的、也遵循 OSI 标准的其他任何系统进行连接。这个分委员会提出了开放系统互联即 OSI 参考模型，它定义了连接异种计算机的标准框架，如图 1-1 所示。

| 应用层（Application Layer） |
| 表示层（Presentation Layer） |
| 会话层（Session Layer） |
| 传输层（Transport Layer） |
| 网络层（Network Layer） |
| 数据链路层（Data Link Layer） |
| 物理层（Physical Layer） |

图 1-1　连接异种计算机的标准框架

1-1　OSI 参考模型

1.1.1　应用层

应用就是在计算机上用来完成某项任务的东西。

应用层确定进程之间通信的性质以满足用户需要以及提供网络与用户应用软件之间的接口服务。

1.1.2　表示层

这一层主要解决用户信息的语法表示问题。它将欲交换的数据从适合于某一用户的抽象语法，转换为适合于 OSI 系统内部使用的传送语法。即提供格式化的表示和转换数据服务。数据的压缩和解压缩，加密和解密等工作都由表示层负责。

表示层是处理有关计算机如何表示数据和在计算机内如何存储数据的过程。

OSI 模型中的表示层处理计算机存储信息的格式。

表示层提供了下列关于数据表示方式的服务：

1）数据表示——表示层解决了连接到网络的不同计算机之间数据表示的差异。例如，表示层可以处理使用 EBCDIC（Extended Binary Coded Decimal Interchange Code，扩展二进制编码的十进制交换码）字符编码的 IBM 大型机和一台使用 ASCII（American standard code for Information Interchange，美国信息交换标准码）字符编码的 IBM 或其兼容个人计算机之间的通信。

2）数据安全——表示层通过对数据进行加密与解密使得任何人（即使窃取了通信信道）也无法得到机密信息、更改传输的信息或者在信息流中插入假消息。表示层能够验证信息源，也就是确认在一个通信会话中的一方正是信息源所代表的那一方。

3）数据压缩——表示层也能够以压缩的形式传输数据，以最优化的方式利用信道。通过压缩从应用层传递下来的数据并在接收端回传给应用层之前解压数据来实现。

1.1.3　会话层

在前面给出的例子中可以看到一封信一般由开始、正文和结尾组成。在网络中也是一致的。我们要通过一个程序初始化网络通信，之后再发送信息、接收信息，最后结束通信。

会话层就是会话开始和结束以及达成一致会话规则的地方。

这一层也可以称为会话层或对话层，在会话层及以上的高层次中，数据传送的单位不再另外命名，统称为报文。会话层不参与具体的传输，它提供包括访问验证和会话管理在内的建立和维护应用之间通信的机制。如服务器验证用户登录便是由会话层完成的。

OSI 参考模型中的 5～7 层的总结如下：

OSI 参考模型中高三层的功能是向最高层的应用程序提供服务。通过一套协议和一系列服务来完成一些必须不断重复编码的任务，高层提供了使应用程序间能够更容易共享数据和交流信息的标准。

总的来说，5～7 层提供了如下功能：

1）处理计算机间数据表示的差别。

2）处理网络终端的物理特性的差别。

3）确保数据在网络传输中不被偷取和泄露，并且不允许未经授权就使用网络访问数据。

4）最高效地使用网络资源。

5）通过应用程序及活动同步来管理对话和活动。

6）在网络节点间共享数据。

OSI 参考模型中 5 ～ 7 层的数据通常被称为"协议数据单元（Protocol Data Unit，PDU）"。

1.1.4 传输层

在第一节的例子中描述了一封信是如何交给一个地方的收信人手中的。必须知道收信地点和收信人才能把封在信封中的信件交到正确的人手中。

1）传输层地址就是进程地址。

2）传输层负责进程的收发报文。

传输层的任务是根据通信子网的特性最佳地利用网络资源，并以可靠和经济的方式，为两个端系统（也就是源站和目的站）的会话层之间，提供建立、维护和取消传输连接的功能，负责可靠地传输数据。

传输层提供的基本服务包括：寻址，连接管理，流量控制和缓冲。

寻址—— 传输层负责在一个节点内对一个特定的进程进行连接。例如，一个用户可能正在进行向文件服务器传送信息的进程，另一个用户可能正在访问同一服务器上的 Web 页面。传输层是通过使用端口号码来处理节点上的进程寻址的。

连接管理—— 面向连接的传输层协议负责建立和释放连接，由于存在丢失和重发包的可能性，因此这是一个复杂的过程。

流量控制和缓冲——网络上的每个节点都能以一个特定的速率接收信息。这一速率由其计算机的计算能力和其他因素决定。每个节点还具有一定数量的处理器内存用于缓冲。传输层负责确保在接收方节点有足够的缓冲区，以及数据传输的速率不能超过接收方节点可以接收数据的速率。

OSI 参考模型中传输层的数据通常被称为"分段（Segment）"。

1.1.5 网络层

John 给 Jane 写信的例子演示了如何使用地址信息将一封信件从源发送到目的地。地址包含了门牌号、街道名称、省市名称等。在网络中，网络层负责将信息通过网络从源传送到目的地。

网络层地址就是目的计算机地址。

在计算机网络中每个节点都拥有唯一的地址，网络设备依据网络层地址将数据发送到正确的目的地。这个地址是由网络层定义的。

网络层采用上层的信息（传输层）并通过添加一个头部来封装数据。头部包含有对等网络层进程使用的协议信息，以使得该分组能够到达目的地。网络层再把包传送给数据链路层。

如果节点是中间节点（路由器），在此节点中的网络层负责把包向前转发到其目的地。网络层必须处理可能使用不同通信协议以及不同寻址方案的节点类型之间的包交换。

网络层为传输层提供下列服务：

1）为每一个节点提供了一个唯一的地址。

2）为电路交换网络建立和维护虚电路。

3）对于每个分组交换网络，通过每个中间节点完成每个分组的独立路由选择。

OSI 参考模型中网络层的数据通常被称为"分组或报文（packet/datagram）"。

1.1.6　数据链路层

在 John 给 Jane 写信的例子中，那封信是通过两个节点传输到收信人地址的：一个是步行的邮递员，还有一个是卡车。数据链路层的任务就是将网络层的信息分组传输到网络中的下一个节点。在到达目的地的时候，分组可能经过的物理路径是不相同的。

数据链路层地址就是 NIC（Network Interface Card，网络接口卡）地址（或称物理地址）。

OSI 参考模型中数据链路层的数据通常被称为"数据帧（fragment）"。

数据链路层是 OSI 参考模型的第二层。数据链路层通过物理连接，与帧的传输有关而不是与位有关。数据链路层是这样为网络层服务的：将一个分组信息封装在帧中，再通过一个单一的链路发送帧。

通常数据链路层将诸如分组的信息传到网络中的下一个节点。下一个节点可能就是目的节点，也可能是一个可以提供将信息传递到目的节点的路由设备。数据链路层不关心分组中是什么，只是将数据帧传递到网络中的下一站。

帧头部包含了目的地址和源地址。目的地址包括网络中下一站的地址。源地址指示帧的发起地点。帧通常是由 NIC 产生。分组传递到 NIC 后，NIC 通过添加头部和尾部将分组封装。之后这个帧沿着链路再传送至到达目的地址的下一站。因此，数据链路层为网络层提供的服务就是将一个分组传送到网络的下一个节点。

当经过一个新的链路时，就产生了一个新的帧。然而分组内容却保持不变，图 1-2 中的目的 MAC 表示目的端数据链路层地址，源 MAC 表示源数据链路层地址；目的 IP 表示目的端网络层地址，源 IP 表示源网络层地址。

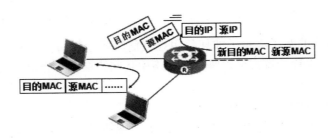

图 1-2　网络数据包的传递

1.1.7　物理层

在 John 给 Jane 写信的例子中，从源到目的地有两种寄信的方法：步行和通过卡车。使用了两种物理媒介规则，走路用的人行道规则或开卡车用的机动车道规则。这个例子中的媒介规则就是物理层的内容。

物理层处理的是经过物理媒介的数据。

物理层是 OSI 参考模型的最底层。物理层负责通过通信信道传输数据流。信道可以是同轴电缆、光缆、卫星链路以及普通的电话线。

物理层进程通过物理连接提供传输数据的服务。进程不必了解所荷载的帧、分组和报文的意义或结构就可以传输数据。进程不知道所传输的是 8 位的字节还是 7 位的 ASCII 字符。类似的一些错误可以被物理层检测到，错误标记将传送到更高层，但是大多数的检错和所有的纠错是更高层的任务。

物理层进程使用的传输协议根据连接的特性不同而不同。它与下述事项有关：

1）如何表示 0 和 1。

2）怎样表示传输何时开始和结束。

在同一时刻数据只能向一个方向流动还是可以双向流动。

1.1.8　封装与解封装

在寄信例子中，邮递员不过问信件的内容就把信封送到邮局。检查信件的内容和把信件送到收信人手中不是邮递员的工作。把信封送到邮局是很简单的。类似的，当信件到达目的地时，将信件交到正确的人手中也不是邮递员的工作，他只要把信件送到正确的地点就行了。

（1）封装

数据通信程序从上层接收数据，并将数据传送到下层。它们必须以某种方式与其对等程序之间通信，利用为它们所在层设置的协议来实现相应功能。在最开始的例子中，John 给对等方 Jane 写了一封英文信。John 将信件装在信封中以使信件到达对等方。这层服务就是通过"网络"发送信件到目的地。数据通信也采用类似的方式，将高层的信息封装在中、低层协议信息之中，通过网络发送最初的信息。

假设一个程序将大消息分为长度短一些的块和段，就如同一封信太大不能装在一个信封中一样。一个解决办法就是采用更大的信封，但是在通信过程中，一般不采用这个方法。另外一个方法就是将信的分块装在不同的信封中。

采用多个信封带来的问题就是，如何通知收信人信件有很多部分，这些部分又应当以何种顺序打开。一种可行的办法就是修改消息，指示出存在多个部分和每个部分在总消息中的位置。这就需要接收者的中层、低层打开每个信封看一下原始的信息，以决定这些单独的部分应当以什么样的顺序交给上层。这使得最高层对于低层的操作十分敏感，不适合作为分层架构的解决方案。

另外一种方案几乎被所有的现代通信系统所采用，就是在中层和低层仅仅是对原始的数据加上头部和尾部，即对数据进行封装。这和对信封标上序号是类似的。它允许接收者能够不打开信件，就能识别出这个部分在总体信件中的位置，如图 1-3 所示。

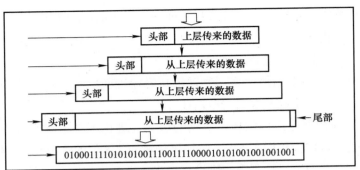

图 1-3　数据的封装

消息头部通常包含表明被封装数据的总长度的域，也至少包含一个提供关于数据信息的域。例如，如果数据是一个很长的消息，头部就会详细说明这个块在整个消息中的相对位置，也很有可能指示出消息的总共分块数。例如，需要将一个 Web 页面分成 20 块的分组信息，在 Web 服务器和 Web 浏览器之间传送。

（2）解封装

接收方的对等程序处理完数据之后，在把数据传送给更上层之前，要除去添加的信息（解封装）。原始的信息未受影响，高层也看不到封装的信息，如图 1-4 所示。换句话说，接收程序通过除去每层的协议信息，对协议进行了出栈操作。

为了以正确的顺序从信封中取得信件，接收方的低层对等程序通过对数据出栈或解封装操作来处理增加的信息。对接收到的信件而言，接收者在打开信之前要把信按顺序摆放，这样才能以正确的顺序打开信封，重新将单独的块组成完整的信件。

原始的消息在最高层协议处理前是原封未动的，高层协议也无须了解封装信息。换句话说，接收程序通过和发送方相反的顺序除去每层增加的信息，把剩余的结果向上层传递，从而达到对附加信息的出栈操作。

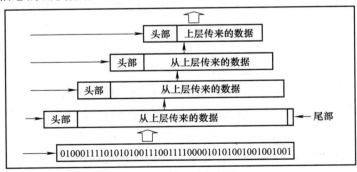

图 1-4　数据的解封装

1.2　TCP/IP 模型

当计算机通过 Internet 相互进行通信时，它们使用的协议是 TCP/IP（Transmission Control Protocol / Internet Protocol，传输控制协议 / 互联网协议）。TCP/IP 也是大多数中等和大型网络的协议选择。Novell NetWare、UNIX 和 Windows 网络都可以使用 TCP/IP，在网络上和使用客户机 / 服务器或者基于 Web 的应用中更是如此。多媒体网络使用的也是 TCP/IP，尤其在进行广播和路由方面。TCP/IP 广泛的用户群、可靠的历史和扩展能力使它成为大多数 LAN-TO-WAN 安装的首选协议。即使在小的网络上，为了以后便于扩展，常常也选用 TCP/IP。

TCP/IP 是一种分层协议，这一点与 OSI 协议层次有些类似，但是并不完全相同，并且它和 OSI 参考模型存在着相对应的关系，如图 1-5 所示。TCP/IP 大约包含近 100 个非专有的协议，通过这些协议，可以高效和可靠地实现计算机系统之间的互联。

OSI 参考模型	TCP/IP
应用层	应用层
表示层	
会话层	
传输层	传输层
网络层	网际层
数据链路层	网络接入层
物理层	

图 1-5 OSI 参考模型与 TCP/IP 分层的比较

TCP/IP 是四层结构，下面分别讨论这四层的功能。

1.2.1 网络接入层

这是 TCP/IP 的最底层，负责接收从 IP 层交来的 IP 数据报并将 IP 数据报通过底层物理网络发送出去，或者从底层物理网络上接收物理信号转换成数据帧，抽出 IP 数据报，交给 IP 层。

1.2.2 网际层

网际层的主要功能是负责相邻节点之间的数据传送。它的主要功能包括 3 个方面。①处理来自传输层的分组发送请求：将分组装入 IP 数据报，填充报头，选择去往目的节点的路径，然后将数据报发往适当的网络接口。②处理输入数据报：首先检查数据报的合法性，然后进行路由选择，假如该数据报已到达目的节点（本机），则去掉报头，将 IP 报文的数据部分交给相应的传输层协议；假如该数据报尚未到达目的节点，则转发该数据报。③处理 ICMP 报文：即处理网络的路由选择、流量控制和拥塞控制等问题。TCP/IP 的网际层在功能上非常类似于 OSI 参考模型中的网络层。

（1）IP

IP 是 TCP/IP 的心脏，也是网络层中最重要的协议。

1）协议数据包格式，如图 1-6 所示。

0　　　3	4　　　7	8　　　　15	16	31
版本号	头长度	服务类型	总长度	
标识符			标志	段偏移值
生存期		协议类型	头校验和	
源 IP 地址				
目的 IP 地址				
可选项（0 或多个）			填充（可选）	
数据（0 ~ 64k）				

图 1-6 协议数据包格式

- 版本号（4位）：IP 的版本号为 4，我们常说的 IPv4 就是指目前正在使用的 IP。
- 头长度（4位）：说明头部有多长，计量单位是 32bit 即 4 字节。因为这个字段有 4bit，所以头部的最大长度可以有 15 个计量单位长度，即 15×4=60 字节。当 IP 分组的头长度不是 4 字节的整数倍时，必须利用最后一个填充字段加以填充。
- 服务类型（8位）：用于指示当数据报在一个特定网络中传输时对实际服务质量的要求是什么。服务类型字段从左到右由一个 3 位的优先顺序字段，即 D、T、R 3 个标志位和 2 个保留位组成。优先顺序字段用于标志该数据报的优先级。D、T、R 3 个标志位分别代表是否对低时延（Delay）、高吞吐量（Throughput）、高可靠性（Reliability）有要求。
- 总长度（16位）：这个长度指整个 IP 数据包的长度，包括头部和数据部分。单位是 1 字节，最大长度可达 65 535 字节。
- 标识符（16位）：是为了目的主机在组装分段时判断新到的分段属于哪个分组，所有属于同一个分组的分段都会包含同样的标识值。
- 标志（3位）：包含 3bit，分别是保留位、不可分段位（DF，Don't Fragment）和分段位（MF，More Fragments）。保留位必须为 0；DF 位为 1 时表示该分组"不能被分段"；MF 位为 1 时代表"还有进一步分段"。在有分段的情况下，除了最后一个分段外的所有分段都设置这一位为 1，这个标志位可以用来标志是否所有分组都已到达。
- 段偏移值（13位）：说明该分段在当前数据包的位置，单位是 8 个字节，第一个分段的偏移是 0。
- 生存期（8位）：表示该数据包可以经过的路由器的个数。在发送时，主机将生存期写入此字段，然后，该数据包每经过一个路由器，该字段的值就会减 1；当它变为 0 时，该数据包就会被丢弃，并通过 ICMP 通知发送主机。
- 协议类型（8位）：指明数据包中封装的传输层协议类型。
- 头校验和（16位）：对报头进行的校验结果。
- 源及目的 IP 地址（各 32位）：目的地址是接收方的 IP 地址，源地址是发送方的 IP 地址。
- 可选项（32位）：用来写入关于安全、源路由、差错报告、调试、时间戳以及其他一些信息的参数。

2）协议功能。

IP 层接收由更低层（网络接口层如以太网设备驱动程序）发来的数据包，并把该数据包发送到更高层——TCP 或 UDP 层；相反，IP 层也把从 TCP 或 UDP 层接收来的数据包传送到更低层。

IP 数据包是不可靠的，因为 IP 并没有做任何事情来确认数据包是按顺序发送的或者没有被破坏。IP 数据包中含有发送它的主机的地址（源地址）和接收它的主机的地址（目的地址）。它告诉主机和网络设备数据包的源和目的的归属，以便于设备对数据包的转发决策。

IP 协议还规定了 IP 地址的格式以及长度等。我们将在后续小节详细加以讨论。

（2）ICMP

IP 是一种尽力传送的通信协议，也就意味着其中的数据报仍可能丢失、重复、延迟或乱序传递。为了达到网际层所应完成的数据传输的功能，互联网层需要一种协议来避免差错并在发生差错时对源和网络进行报告。这个协议就是 ICMP（Internet Control Message Protocol，互联网控制报文协议），如图 1-7 所示。这一协议对一个完全标准的互联网层是不可或缺的。IP 与 ICMP 是相互依赖的：IP 在发送一个差错报文时要使用 ICMP，而 ICMP 也是利用 IP 来传送报文的。

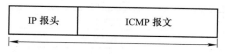

IP 报头	ICMP 报文

图 1-7　ICMP 报文封装在 IP 数据包中

ICMP 定义了 5 种差错报文和 4 种信息报文。

5 种差错报文如下。

1）源抑制：当发送端的速度太快，以至于网络速度跟不上数据传输时产生。

2）超时：当一个数据包在网络中传输的周期超过一个预定的值时产生。

3）目的不可达：当数据包的目的地无法到达时产生。

4）重定向：当数据包路由改变时产生。

5）要求分段：当数据包经过的网段无法在一个包中容纳下整个数据包时产生。

4 种信息报文如下。

1）回应请求。

2）回应应答。

3）地址屏蔽码请求。

4）地址屏蔽码应答。

可以这么说，ICMP 能让 IP 更加稳固、有效，它使得 IP 传送机制变得更加可靠。而且利用 ICMP 还可以用于测试互联网，以得到一些有用的网络维护和排错的信息。例如，著名的 ping 工具就是利用 ICMP 报文进行目标是否可达测试。ICMP 报文格式如图 1-8 所示。

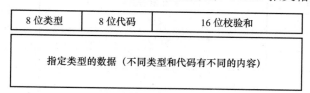

8 位类型	8 位代码	16 位校验和
指定类型的数据（不同类型和代码有不同的内容）		

图 1-8　ICMP 报文格式

- 类型：一个 8 位类型字段，表示 ICMP 数据包类型。
- 代码：一个 8 位代码域，表示指定类型中的一个功能。如果一个类型中只有一种功能，代码域为 0。
- 校验和：数据包中 ICMP 部分上的一个 16 位检验和。
- 指定类型的数据：随每个 ICMP 类型变化的一个附加数据。

表 1-1 中列出了有关 ICMP 协议中类型位与代码位的不同组合所代表的 ICMP 报文含义。

表 1-1 ICMP 报文含义

类 型	代 码	描 述	查 询	差 错
0	0	回显应答（ping 应答）	√	
		目的不可达		√
	0	网络不可达		√
	1	主机不可达		√
	2	协议不可达		√
	3	端口不可达		√
	4	需要进行分片但设置了不分片 bit		√
	5	源站选路失败		√
	6	目的网络不认识		√
3	7	目的主机不认识		√
	8	源主机被隔离（作废不用）		√
	9	目的网络被强制禁止		√
	10	目的主机被强制禁止		√
	11	由于服务类型 tos，网络不可达		√
	12	由于服务类型 tos，主机不可达		√
	13	由于过滤，通信被强制禁止		√
	14	主机越权		√
	15	优先权中止生效		√
4	0	源端被关闭		√
		重定向		√
	0	对网络重定向		√
5	1	对主机重定向		√
	2	对服务类型和网络重定向		√
	3	对服务类型和主机重定向	√	
8	0	请求回显（ping 请求）	√	
9	0	路由器通告	√	
10	0	路由器请求	√	
		超时		
11	0	传输期间生存时间为 0（Traceroute）		√
	1	在数据报组装期间生存期为 0		√
		参数问题		
12	0	坏的 IP 首部（包括各种差错）		√
	1	缺少必需的选项		√
13	0	时间戳请求	√	
14	0	时间戳应答	√	
15	0	信息请求（作废不用）	√	
16	0	信息应答（作废不用）	√	
17	0	地址掩码请求	√	
18	0	地址掩码应答	√	

表中的最后两列表明 ICMP 报文是一份查询报文还是一份差错报文。因为对 ICMP 差错报文有时需要做特殊处理，因此需要对它们进行区分。例如，在对 ICMP 差错报文进行响应时，永远不会生成另一份 ICMP 差错报文（如果没有这个限制规则，则可能会遇到一个差错产生另一个差错的情况，而差错再产生差错，这样会无休止地循环下去）。

当发送一份 ICMP 差错报文时，报文始终包含 IP 的首部和产生 ICMP 差错报文的 IP 数据报的前 8 个字节。这样，接收 ICMP 差错报文的模块就会把它与某个特定的协议和用户进程联系起来。

下面几种情况都不会产生 ICMP 差错报文：

- ICMP 差错报文（但是，ICMP 查询报文可能会产生 ICMP 差错报文）。
- 目的地址是广播地址或多播地址（D 类地址）的 IP 数据报。
- 作为链路层广播的数据报。
- 不是 IP 分片的第一片。
- 源地址不是单个主机的数据报。这就是说，源地址不能为零地址、环回地址、广播地址或多播地址。

（3）ARP（Address Resolution Protocol，地址解析协议）

MAC 地址也叫物理地址、硬件地址或链路地址，由网络设备制造商生产时写在硬件内部。IP 地址与 MAC 地址在计算机里都是以二进制表示的，IP 地址是 32 位的，而 MAC 地址则是 48 位的。MAC 地址的长度为 48 位（6 个字节），通常表示 12 个十六进制数，每 2 个十六进制数之间用冒号隔开，如 08:00:20:0A:8C:6D 就是一个 MAC 地址，其中前 6 个十六进制数 08:00:20 代表网络硬件制造商的编号，它由 IEEE（Institute of Electrical and Electronic Engineers，电气和电子工程师协会）分配，而后 6 个十六进制数 0A:8C:6D 代表该制造商所制造的某个网络产品（如网卡）的系列号。

IP 地址是人为指定的，它并没有与硬件在物理上一对一联系起来。那么，如何将 IP 地址与硬件联系起来呢？我们都知道，每一台 PC 或每一个终端都有一个硬件地址（根据网络类型的不同而不同），只要用一种规则将 IP 地址与硬件地址相对应起来，那么 IP 地址也就与每一个通信实体一对一联系起来了。

要在一个网络上通信，主机就必须知道对方主机的硬件地址。我们将一台计算机的 IP 地址映射成相对应的硬件地址的过程叫地址解析（Address Resolution），相应地，这个解析过程的规则被称为地址解析协议（ARP，Address Resolution Protocol）。地址解析协议用于获得在同一物理网络中的主机的硬件地址。

ARP 定义了两类基本的消息。

请求信息：包含自己的 IP 地址、硬件地址和请求解析的 IP 地址。

应答信息：包含发来的 IP 地址和对应的硬件地址。

下面，就来看看 ARP 是怎样完成地址解析工作的。

- 假设站点 10.0.0.2 要与站点 10.0.0.4 通信，但它并不知道 10.0.0.4 的硬件地址。
- 这时，站点 10.0.0.2 向整个网络发送一个广播—— 一个 ARP 地址解析请求。这个地址请求中包含自己的 IP 地址、硬件地址和请求解析的 IP 地址 10.0.0.4。

- 当所有的站点收到来自站点 10.0.0.2 的地址解析请求广播后，对它要求解析的地址进行判断，看要求解析的 IP 地址是不是自己的 IP 地址。
- 站点 10.0.0.4 判断要求解析的 IP 地址是自己的 IP 地址，就将自己的物理地址写在一个应答消息中，根据解析请求消息中的 10.0.0.2 的硬件地址发送给站点 10.0.0.2；这样就完成了一次地址解析过程。

1）ARP 协议报文格式，如图 1-9 所示。

0	8	1	3
硬件类型		协议类型	
硬件地址长度	协议地址长度	操作号	
发送方首部（八位组 0-3）			
发送方首部（八位组 4-5）		发送方 IP 地址（八位组 0-1）	
发送方 IP 地址（八位组 2-3）		目标首部（八位组 0-1）	
目标首部（八位组 2-5）			
目标 IP 地址（八位组 0-3）			

图 1-9　ARP 协议报文格式

- 硬件类型——使用的硬件（网络访问层）类型。
- 协议类型——解析过程中的协议使用以太类型的值。
- 硬件地址长度——硬件地址字节的长度，对于以太网和令牌环来说，其长度为 6 字节。
- 协议地址长度——协议地址字节的长度，IP 的长度是 4 字节。
- 操作号——指定当前执行操作的字段。
- 发送方首部（0 ～ 3）——发送者的硬件地址。
- 发送方首部（4 ～ 5）——发送者的协议地址。
- 目的站硬件地址——目标者的硬件地址。
- 目的站协议地址——目标者的协议地址。

2）解析本地 IP 地址。

- 当一台主机要与别的主机通信时，初始化 ARP 请求。当该 IP 断定 IP 地址是本地时，源主机在 ARP 缓存中查找目标主机的硬件地址。
- 要是找不到映射的话，ARP 建立一个请求，源主机 IP 地址和硬件地址会被包括在请求中，该请求通过广播，使所有本地主机均能接收并处理。
- 本地网上的每个主机都收到广播并寻找相符合的 IP 地址。
- 当目标主机断定请求中的 IP 地址与自己的相符合时，直接发送一个 ARP 答复，将自己的硬件地址传给源主机。以源主机的 IP 地址和硬件地址更新它的 ARP 缓存。源主机收到回答后便建立起了通信。

3）解析远程 IP 地址。

不同网络中的主机互相通信，源主机将首先寻求解析默认网关的硬件地址。

- 通信请求初始化时，得知目标 IP 地址为远程地址。源主机在本地路由表中查找，若无，源主机认为是默认网关的 IP 地址。在 ARP 缓存中查找符合该网关记录的 IP 地址（硬件地址）。

- 若没找到该网关的记录，则 ARP 将广播请求网关地址。路由器用自己的硬件地址响应源主机的 ARP 请求。源主机则将数据包送到路由器以传送到目标主机的网络，最终到达目标主机。
- 在路由器上，由 IP 决定目标 IP 地址是本地还是远程。如果是本地，则路由器用 ARP（缓存或广播）获得硬件地址。如果是远程，则路由器在其路由表中查找该网关，然后运用 ARP 获得此网关的硬件地址。数据包被直接发送到下一个目标主机。
- 目标主机收到请求后，形成 ICMP 响应。因源主机在远程网上，将在本地路由表中查找源主机网的网关。找到网关后，ARP 即获取它的硬件地址。
- 如果此网关的硬件地址不在 ARP 缓存中，则通过 ARP 广播获得。一旦它获得硬件地址，ICMP 响应就送到路由器上，然后传到源主机。

4）ARP 缓存。为减少广播量，ARP 在缓存中保存地址映射以备用。ARP 缓存保存有动态项和静态项。动态项是自动添加和删除的，静态项则保留在 Cache 中直到计算机重新启动。

ARP 缓存总是为本地子网保留硬件广播地址（0xffffffffffffh）作为一个永久项。此项使主机能够接收 ARP 广播。当查看缓存时，该项不会显示。每条 ARP 缓存记录的生命周期为 10min，2min 内未用则删除。缓存容量满时，删除最老的记录。

（4）RARP（Reverse Address Resolution Protocol，反向地址转换协议）

RARP（Reverse Address Resolution Protocol，反向地址转换协议）与 ARP 相反，它是通过查询主机的硬件地址而获取其 IP 地址（逻辑地址）。

在一些无盘工作站中，系统文件都存放在远端的服务器上，当它在启动的时候，由于本身没有 IP 地址，也就无法和服务器沟通，更无法将系统文件载入内存运行。那么就必须让这样的无盘工作站在与服务器沟通之前获得自己的 IP 地址，RARP 就是为解决此问题而设计的。

和 ARP 一样，RARP 也是用广播的形式进行查询，只不过这时候查询的不是目的地 IP 地址对应的硬件地址，而是自己的硬件地址应该对应的 IP 地址。

1.2.3　传输层

TCP/IP 中传输层的作用与 OSI 参考模型中传输层的作用是一样的，即在源节点和目的节点的两个进程实体之间提供可靠的端到端的数据传输。为保证数据传输的可靠性，传输层协议规定接收端必须发回确认，并且假定分组丢失，必须重新发送。

传输层还要解决不同应用程序的标识问题，因为在一般的通用计算机中，常常是多个应用程序同时访问互联网。为区别各个应用程序，传输层在每一个分组中增加识别信源和信宿应用程序的标记。另外，传输层的每一个分组均附带校验和，以便接收节点检查接收到的分组的正确性。

TCP/IP 提供了两个传输层协议：传输控制协议 TCP 和用户数据报协议 UDP。TCP 协议是一个可靠的面向连接的传输层协议，它将某节点的数据以字节流形式无差错投递到互联网的任何一台机器上。发送方的 TCP 将用户交来的字节流划分成独立的报文并交给网际层进行发送，而接收方的 TCP 将接收的报文重新装配交给接收用户。TCP 同时处理有关流量控制的问题，以防止快速的发送方淹没慢速的接收方。UDP 是一个不可靠的、无连接的传输层协议，UDP 将可靠性问题交给应用程序解决。UDP 主要面向请求 / 应答式的交易型应用，一次交易往往只有一来一回两次报文交换，如果为此而建立连接和撤销连接，开销是相当大的。这种情况下使用 UDP 就非常有效。另外，UDP 也应用于那些对可靠性要求不高，但要求网络的延迟较小的场合，如语音和视频数据的传送。

（1）TCP

TCP 是整个 TCP/IP 协议族中最重要的一个协议。它实现了一个看起来不太可能的事情：它在 IP 提供的不可靠数据服务的基础上，为应用程序提供了一个可靠的数据传输服务。

TCP 作为 TCP/IP 协议族中最主要的协议之一，为应用程序直接提供了一个可靠的、可流控的、全双工的流传输服务。在请求 TCP 建立一个连接之后，一个应用程序能使用这一连接发送和接收数据。TCP 确保它们按序无错传递。最终，当两个应用结束使用一个连接时，它们请求终止连接。

TCP 报文格式，如图 1-10 所示。

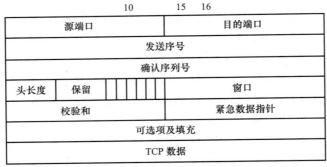

图 1-10　TCP 报文格式

1）源端口：发送 TCP 数据的源端口。

2）目的端口：接收 TCP 数据的目的端口。

3）发送序号：该 TCP 所包含的数据字节的开始序列号。

4）确认序列号：表示接收方下一次接收的数据序列号。

5）头长度：和 IP 一样，以 4 字节为单位，一般的时候为 5。

6）后面的六位分别为：

- urg 如果设置紧急数据指针，则该位为 1。
- ack 如果确认号正确，那么为 1。
- psh 如果设置为 1，那么接收方收到数据后，立即交给上一层程序。
- rst 为 1 的时候，表示请求重新连接。
- syn 为 1 的时候，表示请求建立连接。
- fin 为 1 的时候，表示请求关闭连接。

7）窗口：告诉接收者可以接收的大小。

8）校验和：对 TCP 数据进行校验。

9）紧急数据指针：如果 urg=1，那么指出紧急数据对于历史数据开始的序列号的偏移值。

TCP 是一种可靠的连接，为了保证连接的可靠性，TCP 的连接要分为 3 个步骤。我们把这个连接过程称为"三次握手"。

下面就从一个实例来分析建立连接的过程。

第1步：客户机向服务器发送一个 TCP 数据包，表示请求建立连接。为此，客户端将数据包的 syn 位设置为1，并且设置序列号 seq=1000（我们假设为1000）。

第2步：服务器收到了数据包，并从 syn 位为1知道这是一个建立请求的连接。于是服务器也向客户端发送一个 TCP 数据包。因为是响应客户机的请求，于是服务器设置 ack 为1，sak_seq=1001（1000+1）同时设置自己的序列号 seq=2000（我们假设为2000）。

第3步：客户机收到了服务器的 TCP，并从 ack 为1和 ack_seq=1001 知道是从服务器来的确认信息。于是客户机也向服务器发送确认信息。客户机设置 ack=1，和 ack_seq=2001，seq=1001，发送给服务器。至此客户端完成连接。

最后一步服务器收到确认信息，也完成连接。

通过上面几个步骤，一个 TCP 连接就建立了，当然在建立过程中可能出现错误，不过 TCP 协议可以保证自己去处理错误。

（2）UDP

与 TCP 相对应的是 UDP。UDP 是一个简单的协议，它并没有显著地增加 IP 层的功能和语义。UDP 为应用程序提供了一个不可靠、无连接的分组传输服务。因此，UDP 传输的报文可能会出现丢失、重复、延迟以及乱序的错误，使用 UDP 进行通信的程序就必须负责处理这些问题。

UDP 是建立在 IP 基础之上的，用在传输层的协议。UDP 和 IP 一样是不可靠的数据报服务。UDP 的头格式如图1-11所示。

源端口	目的端口
报文长度	校验和
UDP 数据	

图1-11　UDP 的头格式

TCP 虽然提供了一个可靠的数据传输服务，但是它是以牺牲通信量来实现的。也就是说，为了完成一个同样的任务，TCP 会需要更多的时间和通信量。这在网络不可靠的时候，牺牲一些时间换来可靠是值得的，但当网络十分可靠的情况下，TCP 又成为浪费通信量的"罪魁祸首"，这时 UDP 则以十分小的通信量浪费占据优势。

另外，在某些情况下，每个数据的传输可靠性并不十分重要，重要的却是整个网络的传输速度。例如语音传输，如果其中的一个包丢失了，重发也没有必要，因为这个语音数据已经是失效的。

所以，UDP 的存在是顺应一些特定的数据传输需要的。

UDP 不被应用于那些使用虚电路的面向连接的服务，UDP 主要用于那些面向查询——应答的服务，如 NFS（Network File System，网络文件系统）。相对于 FTP 或 Telnet，这些服务需要交换的信息量较小。使用 UDP 的服务包括 NTP（Network Time Protocol，网络时间协议）和 DNS（Domain Name System，域名系统，DNS 也使用 TCP）。

（3）TCP/IP 传输层端口号

TCP 和 UDP 服务通常有一个客户 / 服务器的关系。例如，一个 Telnet 服务进程开始在系统上处于空闲状态，等待着连接。用户使用 Telnet 客户程序与服务进程建立一个连接。客户程序向服务进程写入信息，服务进程读出信息并发出响应，客户程序读出响应并向用户报告。因而，这个连接是双工的，可以用来进行读写。

两个系统间的多重 Telnet 连接是如何相互确认并协调一致呢？ TCP 或 UDP 连接使用每个信息中的如下 4 项进行确认。

1）源 IP 地址——发送包的 IP 地址。

2）目的 IP 地址——接收包的 IP 地址。

3）源端口——源系统上连接的端口。

4）目的端口——目的系统上连接的端口。

端口是一个软件结构，被客户程序或服务进程用来发送和接收信息。一个端口对应一个 16bit 的数。服务进程通常使用一个固定的端口。例如，SMTP 使用 25，X Windows 使用 6000。这些端口号是广为人知的，因为在建立与特定的主机或服务的连接时，需要这些地址和目的地址进行通信。

TCP 和 UDP 必须使用端口号（port number）来与上层进行通信，因为不同的端口号代表了不同的服务或应用程序。1 ～ 1023 号端口叫作知名端口号（well-known port numbers）。源端口一般是 1024 号以上随机分配。

图 1-12 和图 1-13 描述了各种常用的服务和应用程序所使用的知名 TCP 或 UDP 的端口号。

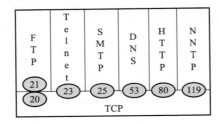

图 1-12　知名 TCP 端口

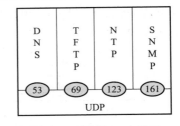

图 1-13　知名 UDP 端口

1.2.4　应用层

传输层的上一层是应用层，应用层包括所有的高层协议。早期的应用层有远程登录协议（Telnet）、文件传输协议（File Transfer Protocol，FTP）和简单邮件传输协议（Simple Mail Transfer Protocol，SMTP）等。远程登录协议允许用户登录到远程系统并访问远程系统的资源，而且像远程机器的本地用户一样访问远程系统。文件传输协议提供在两台机器之间进行有效的数据传送的手段。简单邮件传输协议最初只是文件传输的一种类型，接着慢慢发展成为一种特定的应用协议。后来又出现了一些新的应用层协议：如用于将网络中的主机的名字地址映射成网络地址的域名服务；用于传输网络新闻的（Network News Transfer Protocol，NNTP）和用于从 WWW 上读取页面信息的超文本传输协议（Hyper Text Transfer Protocol，HTTP）。

TCP/IP 的上三层与 OSI 参考模型有较大区别，也没有非常明确的层次划分。其中 FTP、Telnet、SMTP、DNS 是几个在各种不同机型上广泛实现的应用层协议，TCP/IP 中还定义了许多别的高层协议。

（1）FTP

在网络出现以前，当人们需要在不同的计算机之间进行数据传输的时候，唯一可以借助的工具是诸如磁带、磁盘之类的磁介质。在一台计算机中将数据写入磁介质，然后将磁介质人为地拿到另一台计算机，再将其中的数据读出来。如果是长距离的交换，则还需要将这个磁介质通过邮寄等方式来传送。

现在在 Internet 上使用最广泛的是 FTP。FTP 允许传输任意文件，并且允许用户获得文件所有权限或只具有访问权限（也就是说，可以指定哪些人能访问哪些文件，甚至不能访问）。还有一个很重要的功能就是，它允许在 IBM PC 与 Macintosh 之间进行文件传输，即允许不同操作系统之间的文件进行互传。

基于 FTP，可以架设一台专门供人们上传或下载文件的 FTP 文件服务器，还可以根据这些文件的性质来对不同用户进行授权：将一些认为可以公开的内容开放给一些匿名用户（也就是任何人），将一些不可以公开的内容，根据实际情况授权给具备有用户名和密码的用户。

文件传输服务提供了将整个文件副本从一台计算机传送到另一台计算机的功能，它日益成为许多计算机用户交流的好方法。正是这个原因，FTP 服务也是一种应用极为广泛的服务之一。TCP/IP 协议族中包括两种文件传输服务：FTP 和 TFTP。FTP 功能更强，它支持面向命令的交互界面，从而允许用户列表文件。另外，TFTP 是使用 UDP 协议进行实际的数据传输，TFTP 服务器端占用 UDP 的 69 端口监听客户请求，而 FTP 则是使用 TCP 进行实际的数据传输，FTP 服务器端占用 TCP 的 21 端口监听客户发来的控制请求，而使用 TCP 的 20 端口监听客户发来的数据或向客户发送数据。

（2）Telnet

Telnet 是进行远程登录的标准协议和主要方式，它为用户提供了在本地计算机上完成远程主机工作的能力。通过使用 Telnet，Internet 用户可以与全世界许多信息中心图书馆及其他信息资源联系。Telnet 远程登录的使用主要有两种情况。第一种是用户在远程主机上有自己的账号（Account），即用户拥有注册的用户名和密码；第二种是许多 Internet 主机为用户提供了某种形式的公共 Telnet 信息资源，这种资源对于每一个 Telnet 用户都是开放的。Telnet 是使用最为简单的 Internet 工具之一。在 Unix 操作系统中，要建立一个到远程主机的对话，只需要在系统提示符下输入命令：Telnet 远程主机名。

用户就会看到远程主机的欢迎信息或登录标志。在 Windows 操作系统中，用户还可以使用具有图形界面的 Telnet 客户端程序与远程主机建立 Telnet 连接。

Telnet 允许某个网点上的用户与另一个网点上的登录服务器（提供 Telnet 服务的服务器）建立 TCP 连接。Telnet 也将远程机器的输出送回到用户屏幕上。这种服务称为"透明"服务，因为它给人的感觉好像用户键盘和显示器是直接连在远程机器上的一样。

Telnet 服务广泛应用于远程维护中，它使得维护一台远程的机器并不一定要在机器的面前，而是只要通过网络，用 Telnet 远程登录进行相应的维护工作，当然有时这也成为网络安全中的一个隐患。

（3）DNS

在用 TCP/IP 协议族架设的网络中，每一个节点都有一个唯一的 IP 地址，用来作为它们唯一的标志。然而，如果让使用者来记住这些毫无记忆规律的 IP 地址将是不可想象的。此时人们就需要一种有记忆规律的字符串来作为唯一标记节点的名字。

然而，虽然符号名对于人来说是极为方便的，但是在计算机上实现却不是那么方便的。为了解决这个需求，应运而生了一个域名服务系统，它运行在 TCP 之上，负责将字符名——域名转换成实际相对应的 IP 地址。这样，它会在不改变底层协议的寻址方法基础上为使用者提供一个直接使用符号名来确定主机的平台。经过了十余年的发展完善，DNS 已经成为一套成熟的机制，广泛地应用于 Internet，为成千上万的人服务。

域名系统中包括一个高效、可靠、通用的分布式系统用于名字到地址的映射。将域名映射到 IP 地址的机制由若干个称为名字服务器（name server）的独立、协作的系统组成。要理解域名服务器的工作原理，最简单的方法就是将它们放置在与命名等级对应的树形结构中。

树的根是识别顶层域的服务器。下一级的一组服务器都可以为顶层域提供回答结果。而这一级的服务器知道哪一个服务器可解析它所在域下的某个子域。在树的第三级，名字服务器为子域提供回答结果。

下面举个实际的例子来说明。比如有一台连接在互联网上的计算机要寻找 www.xm.fj.cn 这台服务器，但不知道它的 IP 地址。这时：

1）它首先将这个域名解析请求发送给根服务器。

2）根服务器接到解析请求后，根据域名向子域 .cn 服务器提问。

3）.cn 服务器将向子域 fj 服务器提问。

4）fj 服务器将向子域 xm 服务器提问。

5）xm 服务器将结果告诉 fj 服务器，依次上传至根服务器。

6）最后，根服务器将解析结果回答给域名解析请求方。

当然，这是一种基本的概念模型，如果现在还完全按这种方法的话，则巨大数量的主机名将使得根服务器陷入无限繁忙，而造成解析服务的失效。这时域名系统则采用了像高速缓冲等一系列的技术并在此基础上改善了整个解析效率。在此就不再详述。

（4）SMTP

SMTP（Simple Mail Transfer Protocol，简单邮件传输协议）是定义邮件传输的协议，它是基于 TCP 服务的应用层协议，由 RFC0821 所定义。SMTP 规定的命令是以明文方式进行的。

当一个朋友向你发送邮件时，他的邮件服务器和你的邮件服务器通过 SMTP 通信，将邮件传递给你的邮件地址所指示的邮件服务器上（这里假设你的本地邮件服务器是 Linux 操作系统），若通过 Telnet 协议直接登录到邮件服务器上，则可以使用 mail 等客户软件直接阅读邮件，但是若希望使用本地的 MUA（Mail User Agent，如 outlook express 等客户软件）来阅读邮件，则本地客户端通过 POP3 或 IMAP 与邮件服务器交互，将邮件信息传递到客户端（如 Windows 98 操作系统）。而如果你向你的朋友回复一封信件时，所使用的 MUA 也是通过 SMTP 与邮件服务器通信（一般为发送邮件地址对应的 E-mail 地址），指示其希望邮件服务器帮助转发一封邮件到你朋友的邮件地址指定的邮件服务器中。若本地邮件服务器允许你通过它转发邮件，则服务器通过 SMTP 发送邮件到对方的邮件服务器。这就是接收和发送邮件的全部过程。

1.3　冲突域与广播域

1.3.1　冲突域

1-2　冲突域与广播域

　　所谓冲突，就是在总线上同时有多个机器在传送数据，从而造成数据包的碰撞。

　　当某个区域中的一台设备发送了单播数据之后，如果这个区域中的其他设备不论是否是数据包的接收者，都可以收到这个单播数据，则这个区域就被称为冲突域。简单地说，一个冲突域由所有能够看到同一个冲突或者被该冲突涉及的设备组成。以太网使用 CSMA/CD（Carrier Sense Multiple Access with Collision Detection，带有冲突监测的载波侦听多址访问）技术（在第 4 章中将有更加详细的介绍）来保证同一时刻，只有一个节点能够在冲突域内传送数据。

　　根据前面的描述，我们知道使用集线器作为中心节点连接网络中的多个节点时，当任何节点开始发送数据的同时，由于集线器将无条件地将数据转发给所有其他的节点，因此如果此时有设备发送了数据，将在集线器连接的整个区域形成冲突，并且集线器连接的所有设备也将看到这一冲突并受到此冲突的影响而延迟一段时间再发送数据。因此把由物理层设备连接到一起的所有设备所构成的范围称为一个冲突域，即集线器和中继器的所有端口在同一个冲突域中。

1.3.2　广播域

　　网桥用于分割数据流以提高网络的整体性能。网桥也用来提供跨广域的连接。虽然网桥的流行性正因为交换技术的广泛使用而在不断下降，但仍然是当今计算机网络中常见的设备。

　　网桥工作在 OSI 参考模型的数据链路层，有时称为"第二层设备"或"链路层设备"。网桥对网络和高层来说是完全透明的。

　　网桥比中继器复杂很多。它有条件转发数据给需要此数据的端口，而不会像集线器一样无条件转发数据给所有需要或不需要的端口，造成网络带宽的占有。

　　网桥使用帧地址做出桥接决策。

　　网桥根据存储在设备中的帧地址与其端口的对应表判断帧的目标地址是否位于产生这个帧的网段中。如果是，网桥就不把帧转发到其他的网桥端口，这就是过滤。如果帧的目标地址位于另一个网段，网桥就将帧发往正确的网段，这就是所谓的转发。

　　网桥有多种形状和大小。最简单的网桥就是在个人计算机上与小型 LAN 网段相连的适配卡。最复杂的网桥是将一种类型的帧转换成另一种类型的帧，并且将帧以很高的速度发送到很长的距离之外。

　　如果一个 LAN 分为两个网段，则每个网段的使用率将近似为原来的一半，因此效率也可以得到相当程度的提升。网桥可以用来连接这两个部分，需要流经网桥的数据流相对比例较小，如图 1-14 所示。网络分割的效果称为"数据流分割"，是控制网络利用率的一种工具。

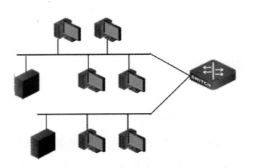

图 1-14　网桥分割两个网段数据流的图示

　　网桥是一种对只有两个网络端口并使用软件对帧的目的地进行选择的设备。由于交换机在性能上的优越性，几乎所有的网络场合都在使用交换机而非网桥。但这里需要注意的是，很大程度上由于交换机和网桥的工作原理是一样的，因此，交换机和网桥在原理概念上是一致的。

　　网桥和交换机可以隔离冲突域，每个端口就是一个冲突域，因此在一个端口单独连接计算机的时候，该计算机是不会与其他计算机产生冲突的，也就是说带宽是独享的，交换机能做到这一点关键在于其内部的总线带宽是足够大的，可以满足所有端口的全双工状态下的带宽需求，并且通过类似电话交换机的机制保护不同的数据包能够到达目的地，可以把集线器和交换机比喻成单排街道与高速公路。只不过交换机的高速公路的通道不是固定的，而是根据需要实时建立的。

　　交换机通过有选择地转发二层数据帧来提高网络利用率。

　　当一个交换机按如图 1-15 所示的那样连接几个 LAN 网段时，就形成了一个网段交换设备。当一个帧从节点 A 发送到节点 E 时，交换机把帧从端口 1 发送到端口 3。在这里，端口 2 和端口 4 仍是空闲的，可以以全速率 10Mbit/s 发送帧。如果节点 A 向节点 B 发送一个帧，交换机将该帧限制在一个单独的网段，这个网段包含节点 A 和节点 B。这就是交换机的帧转发和过滤功能。

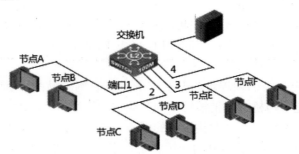

图 1-15　网段交换设备示意图

　　交换机通过分析帧中的目标 MAC 地址，并将各个帧交换到正确的端口上来实现这些操作。因为交换机工作在数据链路层，所以将其视为第二层交换设备。

　　交换机可能会同时在多个网段之间交换帧。如图 1-16 所示的交换机收到一个来自节点 E 发往 Server 的帧，同时还收到一个来自节点 A 发往节点 D 的帧时，交换机可以同时交换这两个帧。这样对于相关拓扑结构的 LAN 就得到了两倍于传统集线器 LAN 带宽的网络效应。

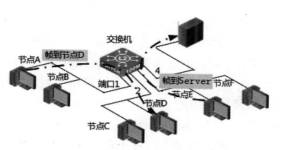

图 1-16　交换机同时在多个网段间交换帧

　　值得注意的是，当一个交换机接收到一个帧时，如果帧中的目标地址交换机不知道连接在哪个具体的端口中，交换机就像集线器一样把这个帧发送给所有的端口。这就是为什么交换机刚刚加电起动时效率比较慢的原理。如果交换机接收到一个带有广播（或多播）地址的帧时，也会把帧发送给所有端口（或所有属于这个帧对应的多播组的端口）。

　　当某个区域中有一台设备发送了一个广播数据（二层地址为全 1），如果这个区域中的其他设备都能够收到这个广播数据，这个区域就可以被称为是一个广播域。简单地说，一个广播域由所有能够看到相同广播数据的设备组成。网桥能够延伸到的最大范围就是一个广播域。默认的情况下，一个网桥或交换机的所有端口在同一个广播域中。一般情况下，一个广播域代表一个逻辑网段。一个路由器就构成一个广播域的边界。

　　注意：交换机的每个端口属于独立的冲突域，所有的端口属于同一个广播域。

1.3.3　CSMA/CD 媒体访问工作原理

- CS——载波侦听（每个设备都能检测到信号）。
- MA——多路访问（附在同一物理介质上的设备）。
- CD——碰撞检测（碰撞发生时每个设备都能知道）。

　　简单说，CSMA/CD 的做法就是先听后发，边发边听，碰撞停止，随机延迟后重发。

　　在总线拓扑结构的网络中，无论设备是否准备发送数据，它都将使网卡能够监听到网络介质中的信号，当数据在网卡的缓存中等待发送的时候，如果网卡侦听到的网络介质中没有其他信号在发送，它就会将数据从网卡的接口中发送到介质中。这就是所谓的"S"（Snooping，侦听）。

　　在采用 CSMA/CD 机制的网卡工作方式下，数据从网卡发送给介质并不意味着被发送的数据就从网卡缓存中清空，而是还要再保留一段时间，这就是所谓的"C"（Carrier 载波）。

　　CSMA/CD 是一种使用争用的方法来决定对媒体访问权的协议，在总线连接的网络中，所有设备对媒体的访问优先权是一样的，任何终端在任何时间点理论上都是可以争用网络介质来传输各自的数据，这样就实现了附在同一物理介质上的终端设备的"MA"（Multi-access 多路访问）。

　　正是由于每个站点都能独立地决定帧的发送，若两个或多个站同时发送帧，信号在网络中的传输就会产生冲突，冲突的结果使物理信号放大或者相消，从数据的角度考虑就是导致所发送的帧都出错。因此当终端发送出任何数据帧后，数据都会在网卡的缓存中保留一段时间，直到网卡可以检测到信号的传输没有发生冲突，数据可以被正常地从网络介质中传输出去为止。网卡检测介质是否有冲突的方式主要是检测侦听到的信号是否有异，当发现冲突后使用某种方式加大这个信号使远方的设备也可以得知这样的冲突已经发生而采取必要的措施。这就是所谓的"CD"（Collision Detection，碰撞检测）。

一个用户发送信息成功与否，在很大程度上取决于监测总线是否空闲的算法，以及当两个不同节点同时发送的分组发生冲突后所使用的中断传输的方法。此技术的流程如图1-17所示。

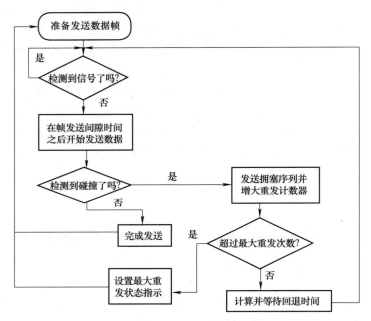

图 1-17　监测总线进行数据转发的流程

第 2 部分

交换技术与设备

第 2 章　交换机基础

随着网络技术和软件应用开发技术的不断发展，各行各业都在尽可能地将业务流的处理过程使用网络和计算机来完成。这些对网络基础建设提出了要求和挑战，如何在现有技术实施的前提下提升网络设备处理数据的效率越来越受到人们的关注。本章以神州数码自有品牌的网络交换机产品为实例，主要介绍在现代企业中广泛应用的交换技术、理念以及通用的设备配置方法。

2.1　交换机工作原理

2-1　交换机工作原理

2.1.1　MAC 帧格式

MAC 帧格式如图 2-1 所示。在以太网环境下，所有设备能够识别的最大帧有效部分长度为 1518 字节，最小帧长为 64 字节（指帧的有效部分长度）。

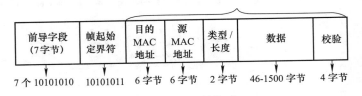

图 2-1　MAC 帧格式

帧间隙：数据帧间的最小间隔（12 字节），如图 2-2 所示。

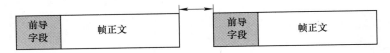

图 2-2　帧间隙

- 通过中继器时会造成帧间隙的变化。
- 帧间隙的变化直接影响网络直径。
- 帧间隙的缩减不能小于最小限度。

2.1.2　帧长度的限制

（1）最小帧长

CSMA/CD 的一个潜在问题就是电信号从总线上的一个点传到另一个点所用的时间，也就是传输时延。在一个大型的网络中，如果两个节点 A、B 位于总线的两端且同时开始发送，有可能当 A 节点发送完消息时这个消息的第一个比特还没有传到 B 节点，对 B 节点来说也有同样的情况。如果这个过程中信号混迭，但是两个节点在一段时间内都检测不到碰撞。解决这个问题的一个方法就是要求每条数据都足够长，以避免这种情形的出现。以太网最小帧长的限制就是为了解决这个问题。

由上述分析可知，为了确保发送数据的站点在传输时能检测到可能存在的冲突，要求帧的长度不短于某个值，否则在检测出冲突之前传输已经结束，但实际上帧已被冲突所破坏。

在以太网中这个最小长度为 64 个字节，不包括前导位和帧首定界符的长度。

（2）最大帧长

在此必须说明，帧的长度除有最小要求外，最长也有限制，即所谓的最大传输单元（Maximum Transfer Unit，MTU），为 1518 字节，这是由于发送和接收站的缓冲器容量总有一个限度，同时如果一个工作站发送的帧太长，也将妨碍其他站对媒体的使用。

2.1.3　IEEE 802.3 物理层规范

IEEE 802.3 委员会在定义可选的物理配置方面表现了极大的多样性和灵活性。为了区分各种可选用的实现方案，该委员会给出了一种简明的表示方法：

＜传输率（Mbit/s）＞＜信号方式＞＜最大段长度（百米）＞

（1）10Mbit/s 传统以太网

1）10Base5。10Base5 线缆也称粗缆网或黄线（因为其表皮一般是黄色的）。在粗缆网的实际应用中通常使用外部收发器。NIC 通过特殊的线缆 3/4 连接单元接口（AUI）将收发器连在物理网络线缆上。网段的两端都必须终结，其中一端必须使用接地终结器。尽管在现实中仍存在许多粗缆网的配置，但已经不再安装粗缆网了。

下列规则适用于同轴电缆以太网网络配置：

- 收发器之间的距离应是 8.5ft（1ft＝0.3048m）或其倍数。
- 每个网段不能超过 500m（1 640ft）。
- 5/4/3 规则：发送器和收发器之间顺序相连的网段不能超过 5 个。顺序串行连接网段的中继器不能超过 4 个。包含以太网节点的网段不能超过 3 个。
- 一个网段最多能接入 100 个节点。
- 通常使用 RG-6 同轴电缆。

一般而言，同轴电缆正在被双绞线和光纤取代。尽管它对电磁干扰和无线电频率干扰有良好的抗干扰性，但它过于庞大，相对来说安装在建筑物中的线路管道或其他位置中时比较困难。

2）10Base2。与 10Base5 一样，10Base2 也使用 50Ω 同轴电缆和曼彻斯特编码。数据速率为 10Mbit/s。两者的区别在于 10Base5 使用粗缆（50mm），10Base2 使用细缆（5mm）。由于两者数据传输率相同，所以可以使用 10Base2 电缆段和 10Base5 电缆段共存于一个网络中。

收发器就是从工作站中提取数字信号并将其转换为适合物理线缆传输的格式的设备。

细缆网连接很简单，而且为以太网提供了一种廉价的选择。下列规则适用于 10Base2 以太网：

- 通常使用 RG-58A/U 同轴电缆。
- 5/4/3 规则。
- 一个网段最多能接入 30 个节点。
- 节点间的最小距离是 1.64in。

3）10BaseT。10BaseT 定义了一个物理上的星形拓扑网，其中央节点是一个集线器，每个节点通过一对双绞线与集线器相连。集线器的作用类似于一个转发器，它接收来自一条线上的信号并向其他的所有线转发。由于任意一个站点发出的信号都能被其他所有站点接收，若有两个站点同时要求传输，冲突就必然发生。所以，尽管这种策略在物理上是一个星形结构，但从逻辑上看与 CSMA/CD 总线拓扑的功能是一样的。

与 10Base2 和 10Base5 的网络相比，10BaseT 的星形网络有以下优点：

- 容易向网络中加入新节点或删去节点。
- 网络故障更容易被查找定位，因为可疑的节点可以很容易地与集线器断开连接。

4）10BaseF。10BaseF 是 802.3 中关于以光纤作为媒体的系统的规范。该规范中，每条传输线路均使用一条光纤，每条光纤采用曼彻斯特编码传输一个方向上的信号。每一位数据经过编码后，转换为一对光信号元素（有光表示高、无光表示低），所以，一个 10Mbit/s 的数据流实际上需要 20Mbit/s 的信号流。

（2）100Mbit/s 快速以太网（见表 2-1）

表 2-1　100Mbit/s 快速以太网

类　型	传输介质	所需传输线数目/对	最大网段长度/m
100BaseTX	5 类以上双绞线	2	100
100BaseFX	单模/多模光纤	1	2000
100BaseT4	3 类以上双绞线	4	100

1）100BaseTX。这是数据级无屏蔽双绞线或屏蔽双绞线的快速以太网技术。它使用两对双绞线，一对用于发送，一对用于接收数据。在传输中使用 4B/5B 编码方式，信号频率为 125MHz。符合 EIA 586 的 5 类布线标准和 IBM 的 SPT 1 类布线标准。使用同 10Base-T 相同的 RJ-45 连接器。它的最大网段长度为 100m。它支持全双工的数据传输。

2）100BaseFX。100BaseFX 是一种使用光缆的快速以太网技术，可使用单模和多模光纤（62.5μm 和 125μm）。在传输中使用 4B/5B 编码方式，信号频率为 125MHz。它使用 MIC/FDDI 插接器、ST 连接器或 SC 连接器。它的最大网段长度为 150m、412m、2000m 或更长至 10km，这与所使用的光纤类型和工作模式有关。它支持全双工的数据传输。100BaseFX 特别适合于有电气干扰的环境、较大距离连接或高保密环境等情况。

3）100BaseT4。100BaseT4 是一种可使用 3、4、5 类无屏蔽双绞线或屏蔽双绞线的快速以太网技术。它使用 4 对双绞线，3 对用于传送数据，1 对用于检测冲突信号。在传输中使用 8B/6T 编码方式，信号频率为 25MHz。符合 EIA 586 结构化布线标准。使用同 10BaseT 相同的 RJ-45 插接器。它的最大网段长度为 100m。

（3）1000Mbit/s 千兆以太网（见表 2-2）

表 2-2　1000Mbit/s 千兆以太网

类　　型	传　输　介　质	相　关　标　准	最大网段长度 /m
1000BaseSX	多模光纤	802.3z	300 ～ 550
1000BaseLX	单模光纤	802.3z	3000
1000BaseCX	屏蔽双绞线	802.3z	25
1000BaseTX	5 类以上 UTP	802.3ab	100

1）1000BaseSX。1000BaseSX 是基于 780nm 的 FibreChanneloptics，使用 8B/10B 编码解码方式，使用 50μm 或 62.5μm 多模光缆，最大传输距离为 300 ～ 500m。

2）1000BaseLX。1000BaseLX 是基于 1300nm 的单模光缆标准时，使用 8B/10B 编码解码方式，最大传输距离为 3000m。基于 50μm 或 62.5μm 多模光缆标准时，使用 8B/10B 编码解码方式，传输距离为 300 ～ 550m。

3）1000BaseCX。1000BaseCX 是一种基于铜缆的标准，使用 8B/10B 编码解码方式，最大传输距离为 25m。

4）1000BaseTX。1000BaseT 基于无屏蔽双绞线传输介质，使用 1000BaseTCopperPHY 编码解码方式，传输距离为 100m。

图 2-3、图 2-4 为终端使用双绞线连接交换机示例和交换机通过光纤互联示例。

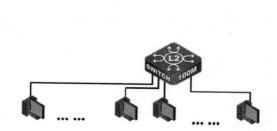

图 2-3　终端使用双绞线连接交换机示例

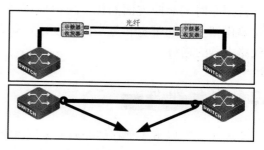

图 2-4　交换机通过光纤互联示例

2.1.4　交换式以太网和传统以太网

20 世纪 80 年代中后期，由于通信量的急剧增加，促使技术的发展，使局域网的性能越来越高，最早的 1Mbit/s 的速率已广泛地被今天的 100BaseT 和 100CG-ANYLAN 替代，但是，传统的媒体访问方法都局限于使大量的站点对一个公共传输媒体的访问，即 CSMA/CD。

20 世纪 90 年代初，随着计算机性能的提高及通信量的剧增，传统局域网已经越来越超出自身的负荷，交换式以太网技术应运而生，大大提高了局域网的性能。与现在基于网桥和路由器的共享媒体的局域网拓扑结构相比，网络交换机能够显著地增加带宽。交换技术的加入，就可以建立地理位置相对分散的网络，使局域网交换机的每个端口可平行、安全、同时地互相传输信息，而且使局域网可以高度扩充。

局域网交换技术的发展要追溯到两端口网桥。桥是一种存储转发设备，用来连接相似的局域网。从协议层次看，桥是在逻辑链路层对数据帧进行存储转发；两端口网桥几乎是和以太网同时发展的。

以太网交换技术（Switch）是在多端口网桥的基础上于 20 世纪 90 年代初发展起来的，实现 OSI 参考模型的下两层协议，与网桥有着千丝万缕的关系，甚至被业界人士称为"许多联系在一起的网桥"，因此交换式技术并不是新的技术，而是现有技术的新应用，是一种改进了的局域网桥，与传统的网桥相比，它能够提供更多的端口（4～88）、更好的性能、更强的管理功能以及更便宜的价格。现在某些局域网交换机也实现了 OSI 参考模型的第三层协议，实现简单的路由选择功能，三层交换就是一个实例。

交换式以太网技术的优点：

交换式以太网不需要改变网络其他硬件，包括电缆和用户的网卡，仅需要用交换式交换机改变共享式集线器，节省用户网络升级的费用。

交换式以太网可在高速与低速网络间转换，实现不同网络的协同。目前大多数交换式以太网都具有 100Mbit/s 的端口，通过与之相对应的 100Mbit/s 的网卡接入到服务器上，解决了 10Mbit/s 的瓶颈，成为网络局域网升级时首选的方案。

它同时提供多个通道，比传统的共享式集线器提供更多的带宽，传统的共享式 10Mbit/s/100Mbit/s 以太网采用广播式通信方式，每次只能在一对用户间进行通信，如果发生碰撞还需要重试，而交换式以太网允许不同用户间进行传送，如一个 16 端口的以太网交换机允许 16 个站点在 8 条链路间通信。

特别是时间响应方面的优点使得局域网交换机倍受青睐。它以比路由器低的成本提供了比路由器更大的带宽和更高的速度，除非有上广域网（WAN）的要求，否则，交换机有替代路由器的趋势。

2.2　存储组件

交换中具有以下 4 种存储介质，分别具有不同的作用：

BootRom 是交换机的基本启动版本即硬件版本（或者称为启动代码）所存放的位置，交换机加电启动时，会首先从 ROM 中读取初始启动代码，由它引导交换机进行基本的启动过程，主要任务包括对硬件版本的识别和常用网络功能的启用等。在开机提示出现 10s 之内按下 <Ctrl+B> 或者 <Ctrl+Break> 组合键可以进入交换机的 BootRom 方式，在 BootRom 方式下可以执行部分优先级很高的操作。

警告：对交换机操作不熟悉的人员请勿随意进入 BootRom 方式，以免破坏交换机内核，导致交换机不可使用。

SDRAM 是交换机的运行内存，主要用来存放当前运行文件，如系统文件和当前运行的配置文件，如 running-config。它是掉电丢失的，即每次重新启动交换机时，SDRAM 中的原有内容都会丢失。

Flash 中存放当前运行的操作系统版本，即交换机的软件版本或者操作代码。交换机的升级，就是将 Flash 中的内容升级。当交换机从 BootRom 中正常读取了相关内容并启动基本版本之后，即会在它的引导下从 Flash 中加载当前存放的操作系统版本到 SDRAM 中运行。它是掉电不丢失的，即每次重新启动交换机，Flash 中的内容都不会丢失。交换机在特权用户配置模式下使用"show version"命令检查交换机目前的版本信息，用于检查交换机是否是最新版本，是否需要升级。

　　NVRAM 中存放交换机配置好的配置文件，即 startup-config。当交换机在正常读取了操作系统版本并加载成功之后，即会从 NVRAM 中读取配置文件到 SDRAM 中运行，以对交换机当前的硬件进行适当的配置。NVRAM 中的内容也是掉电不丢失的，交换机有无配置文件存在都应该可以正常启动。

　　部分交换机的 Flash 和 NVRAM 可能会共用一个存储介质。

　　交换机的存储结构、启动过程和路由器也很相似。

2.3　交换机的功能

　　在企业和校园网环境中，交换机除了是汇接各种网络终端的集结点之外，针对各种网络数据帧，其操作和功能都将有所区别。本节将对交换机在局域网环境中的基本功能进行讨论。

　　以太网交换机的原理很简单，它检测从以太网口来的数据帧的源和目的地的 MAC（介质访问层）地址，然后与系统内部的动态查找表进行比较，若数据帧的源 MAC 层地址不在查找表中，则将该源地址与对应端口加入查找表中，如果目的 MAC 地址在查找表中，则将数据帧发送给相应的目的端口，反之则向所有端口发送此数据帧。

2.3.1　地址学习（address learning）

　　前面曾经说过交换机的工作原理，其实质是保存一份供交换机随时查询设备所在端口的"查询表"，即"端口地址表"。本小节将详细说明交换机如何在没有人工干预的情况下形成动态的"端口地址表"，即地址学习的功能。

　　简单地说，交换机可以记录在一个接口上所收到的数据帧的源 MAC 地址，并将此 MAC 地址与接收端口的对应关系存储到 MAC 地址表中。

　　根据前面的学习可知一个终端发送的任何数据被封装成为以太网数据帧时总会在帧头加入源和目的 MAC 地址信息。交换机就是根据这个信息来判断其各端口所连接的设备的。

　　交换机采用的算法是逆向学习法（backward learning）。交换机按混杂的方式工作，因此它能看见所连接的任一物理网段上传送的帧。查看源地址即可知道在哪个物理网段上可访问哪台机器，于是在 MAC 地址表中添上一项。理解这一过程，可参考图 2-5。

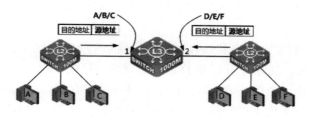

图 2-5　地址学习示意图

　　在如图 2-5 所示的环境中，交换机根据来自端口 1 和端口 2 的数据帧源地址，可以形成如图 2-6 所示的 MAC 地址表。

地址	端口
A/B/C	1
D/E/F	2

图 2-6　MAC 地址表

　　在交换机加电启动之初，MAC 地址表为空。由于交换机不知道任何目的地的位置，因而采用扩散算法（flooding algorithm）：把每个到来的目的地不明的帧输出到此交换机的所有其他端口并通过这些端口发送到其所连接的每一个物理网段中（除了发送该帧的物理网段）。随着发送数据帧的站点的逐渐增多，一段时间之后，交换机将了解每个站点与交换机端口的对应关系。这样当交换机收到一个到达某一个站点的数据帧之后，就可以根据这个对应关系找到相应的端口进行定向的发送了。

　　当计算机和交换机加电、断电或迁移时，网络的拓扑结构会随之改变。为了处理动态拓扑问题，每当增加 MAC 地址表项时，均在该项中注明帧的到达时间。每当已在表中的目的地有帧到达时，将以当前时间更新该项。这样，从表中每项的时间即可知道该机器最后帧到来的时间。交换机中有一个进程定期地扫描 MAC 地址表，清除时间早于当前时间若干分钟的全部表项。这样，从物理网段上取下一台计算机，并在别处重新连到物理网段上，在几分钟内，它就可重新开始正常工作而无须人工干预。这个算法同时也意味着，如果机器在几分钟内无动作，那么发给它的帧将不得不被发送到其他端口，直到它自己发送出帧为止。

　　在如图 2-5 所示的网络环境中，当交换机加电自检成功后，交换机即开始侦测各端口下连接的设备。当 A 第一次向同网段的 B 节点发送一次单播数据时，由于 A、B 及 C 都处于同一个共享网络段，因此这个数据可以被 B 和 C 收到，当然交换机的端口 1 也可以收到这个数据，根据以前的知识，我们知道此帧的目的是 B、源是 A，交换机在查看其“MAC 端口对应表”后发现没有对应表项，所以首先将帧的源 MAC 地址 A 与端口 1 对应起来，然后将此数据“扩散”到除端口 1 之外的所有端口，包括图中的端口 2。根据分析可以知道交换机在首次转发一个单播数据时，尽管这个数据是属于某个端口内部的，其他端口的终端也可以收到这个数据，其工作方式就如同一个集线器是一样的。

　　此时如果 B 接收到数据后回应给 A 一个消息，这个消息也同样会经过 A、B、C 的共享链路到达 A、C，同时到达端口 1。但此时由于交换机在查看其“MAC 端口对应表”时，发现了帧的目的地址在表中是有对应表项的，因此不会像第一个数据一样向所有端口扩散，而是根据查询的结果进行判断再决定如何转发（此时数据是被过滤掉的，后面小节将详细说明）。

　　经过上面 A 至 B 的数据发送和接收过程，交换机的 MAC 地址表已经有了如图 2-7 所示的两条表项。接下来，就来分析 C 和 D 的数据发送和接收过程。

　　C 给服务器 F 发送一个服务请求时，由于共享链路的存在，A、B 都可以收到这个数据帧，同时交换机的端口 1 也可以收到，当交换机发现其现有的“MAC 端口对应表”没有帧目的地址的对应表项，也没有与源地址对应的表项后，交换机首先将其“MAC 端口对应表”

添加有关源地址与端口的对应关系，然后将数据以"扩散"的方式发送到除端口 1 之外的所有端口去。这样 F 服务器一定会收到。

当 F 回应数据给 C 时，交换机通过网络介质收到数据帧，查看"MAC 端口对应表"以决定如何处理数据帧，当交换机发现在其表中不存在源 F 对应的表项时，它首先将 F 与端口 2 对应，然后再根据目的 C 对应的端口 1 转发数据。此时交换机对数据完成了标准的转发工作。值得注意的是，当数据从端口 1 发出时，由于共享链路的关系，A、B 和 C 都将收到这个回应数据，与 C 不同的是 A、B 将不会处理这样的数据，如图 2-7 所示。

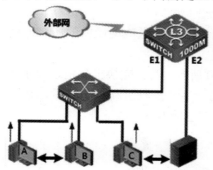

目的地址	B	源地址	A
01-11-5A-00-74-A0		01-11-5A-00-43-7E	
目的地址	A	源地址	B
01-11-5A-00-43-7E		01-11-5A-00-74-A0	
目的地址	F	源地址	C
01-11-5A-00-3C-C5		01-11-5A-00-E0-4F	
目的地址	F	源地址	C
01-11-5A-00-E0-4F		01-11-5A-00-3C-C5	

设备	端口	MAC
A	E1	01-11-5A-00-43-7E
B	E1	01-11-5A-00-74-A0
C	E1	01-11-5A-00-E0-4F
D	E2	01-11-5A-00-3C-C5

图 2-7　交换机的地址学习功能

2.3.2　转发 / 过滤决定（forward/filter decisions）

到达帧的出口选择过程取决于源所在的端口（源端口）和目的地所在的端口（目的端口）是否相同，总结如下。

1）如果源端口和目的端口相同，则丢弃该帧，即过滤。

2）如果源端口和目的端口不同，则转发该帧，即转发。

3）如果目的端口未知，则进行广播。

根据前面的知识，当交换机某个接口上收到数据帧，就会查看目的 MAC，并检查 MAC 地址表，从指定的端口转发数据帧。

前面的章节中，我们了解到交换机上的每个端口都对应一个冲突域。这是因为，对于交换机而言，源地址和目的地址在同一个端口的数据帧不会被发送到其他端口影响其他端口的网络数据传输。因此对于这样的数据，交换机将过滤（即丢弃），以避免本地数据帧影响网络上的正常通信，如图 2-8 所示。

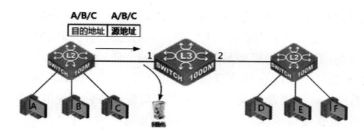

图 2-8　过滤决定

当交换机接收到一个数据帧，它的目的地址对应端口与接收端口不同，此时交换机认为有必要将数据进行转发，就根据目的端口转发数据，这就是交换机的转发过程，如图2-9所示。

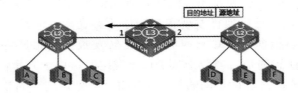

图 2-9　转发决定

由于交换机仅将数据帧发送给目的地址，而不是发送给网段内的所有地址，所以可以有效地减少网段内的拥塞。

数据帧在交换机内部的处理过程如图2-10所示，两台交换机分别连接了计算机A、B、C、E、F、G、U、V、W。正如前面所介绍的，当交换机启动成功以后，在网线连接正常的情况下，交换机L2、L3首先会在内部形成自己的MAC地址表。

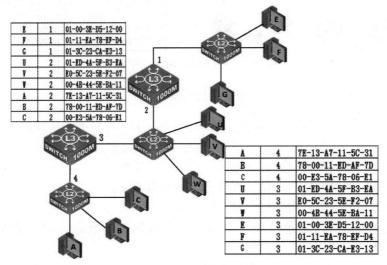

图 2-10　数据帧的处理过程

假如计算机A想和计算机B通信，在交换机端口4的一侧，计算机A发出去的数据会在端口4的一侧以广播的形式发送。这样，计算机B和计算机C以及端口4都能收到该广播包，但只有计算机B响应这一通信请求。由于计算机A和计算机B同在端口4的一侧，该广播包不会被蔓延到端口4以外的其他端口。所以说，一个交换机端口的一侧划分一个冲突域的边界。正是由于交换机具有这种特性，使得端口之间的广播流量被降到了最小的限度。也就是说，端口一侧的冲突不会影响另外一个端口的工作。

如果计算机A想与计算机U和计算机F通信。首先，由计算机A发出的数据先在端口4的一侧查找目的地址，如果没有找到，它才会把数据扩散到其他能够到达的通往目的地的潜在端口，如一个级联端口或同一VLAN中的其他端口（关于"级联"和"VLAN"的内容将会在后面介绍）。这样，由计算机A发出的数据帧最终会被扩散到端口3，找到计算机U，然后，数据被传到端口2、端口1，找到计算机F。

2.4　交换机的交换方式

如前面所讲，交换机作为位于 OSI 参考模型中数据链路层的网络设备，其主要作用是进行快速高效、准确无误的数据帧的转发。为了实现这样的功能，现代网络交换机针对不同的网络环境提供了多种可选择的交换方式，以更好地发挥交换机的优势。本节将主要围绕现代交换机中提供的典型交换方式的数据帧处理过程展开讨论。

交换机通过以下 3 种方式进行交换。

1）直通方式（Cut Through）。

2）存储转发（Store & Forward）。

3）碎片隔离（Fragment Free）。

2.4.1　直通方式

直通方式的以太网交换机可以理解为在各端口间是纵横交叉的线路矩阵交换机。它在输入端口检测到一个数据帧时，检查该帧的帧头，获取帧的目的地址，启动内部的动态查找表转换成相应的输出端口，在输入与输出交叉处接通，把数据帧直通到相应的端口，实现交换功能。由于不需要存储，延迟非常小、交换非常快，这是它的优点。它的缺点是，因为数据帧内容并没有被以太网交换机保存下来，所以无法检查所传送的数据帧是否有误，不能提供错误检测能力。由于没有缓存，不能将具有不同速率的输入 / 输出端口直接接通，而且容易丢帧。直通方式转发示意图如图 2-11 所示。

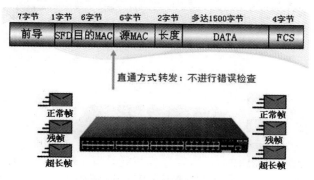

图 2-11　直通方式转发示意图

2.4.2　存储转发

存储转发方式是计算机网络领域应用最为广泛的方式。它把输入端口的数据帧先存储起来，然后进行 CRC（循环冗余码校验）检查，在对错误帧处理后才取出数据帧的目的地址，通过查找表转换成输出端口送出帧。正因为如此，存储转发方式在数据处理时延时大，这是它的不足，但是它可以对进入交换机的数据帧进行错误检测，有效地改善网络性能。尤其是它可以支持不同速度的端口间的转换，保持高速端口与低速端口间的协同工作。存储转发示意图如图 2-12 所示。

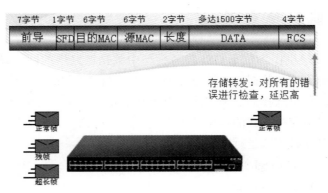

7字节	1字节	6字节	6字节	2字节	多达1500字节	4字节
前导	SFD	目的MAC	源MAC	长度	DATA	FCS

存储转发：对所有的错误进行检查，延迟高

正常帧
残帧
超长帧
正常帧

图 2-12　存储转发示意图

2.4.3　碎片隔离

这是介于前两者之间的一种解决方案。它检查数据帧的长度是否够 64 个字节，如果小于 64 字节，说明是残帧，则丢弃该帧；如果大于 64 字节，则根据目的 MAC 和源 MAC 发送该帧。这种方式也不提供数据校验。它的数据处理速度比存储转发方式快，但比直通方式慢。可以看出，对于超过以太网规定最大帧长的 1518 字节的超长数据帧，碎片隔离方式是没有办法检查出来的，即采用这种方式的交换机同样会将这种超长的错误数据帧发送到网络上，从而无谓地占用网络带宽，并会占用目标主机的处理时间，降低网络效率。碎片隔离转发示意图如图 2-13 所示。

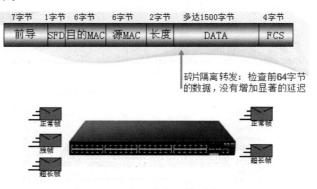

7字节	1字节	6字节	6字节	2字节	多达1500字节	4字节
前导	SFD	目的MAC	源MAC	长度	DATA	FCS

碎片隔离转发：检查前64字节的数据，没有增加显著的延迟

正常帧
残帧
超长帧
正常帧
超长帧

图 2-13　碎片隔离转发示意图

第 3 章 交换机管理

交换机是现代局域网的主要网络设备，为了更充分地发挥交换机的转发效率优势，在网络中部署交换机时，往往需要针对网络环境需求对交换机的端口和其他应用技术进行调整和配置。本章将以神州数码交换机为例重点介绍通用的交换机配置方式和各种快速配置技巧。

3.1 登录和管理方式

3.1.1 配置线缆的选择和连接

3-1 交换机管理

相对于路由器来说，交换机的配置线缆种类比较少，通用性较强，目前常用的配置线缆有以下几种。

两端都是 DB9 母头的配置线缆，这也是目前各厂商使用最多的方式，只不过每个厂商的线缆的线序会有所不同，如图 3-1 所示。

图 3-1 母头的配置线缆

一端是 DB9 母头，另一端是 DB9 公头的配置线缆，如图 3-2 所示。

图 3-2 一端是 DB9 母头，另一端是 DB9 公头的配置线缆

一端是 DB9 母头，另一端是 RJ-45 水晶头的配置线缆，如图 3-3 所示。

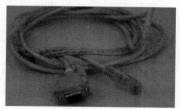

图 3-3 一端是 DB9 母头，另一端是 RJ-45 水晶头的配置线缆

一般来说，配置线缆总有一端是 DB9 母头，因为这一端正好可以与计算机上的串口相连接，而计算机上的串口一般都是 DB9 公头。连接方法如图 3-4 所示。

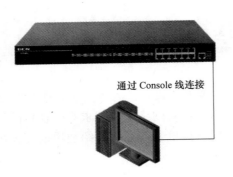

图 3-4 连接方法

3.1.2 交换机的 CLI 界面语言

CLI 英文名称：Command Line Interface，也就是常说的命令行方式。

CLI 界面、菜单式界面和 Web 界面是目前比较流行的交换机三大配置界面，相比较而言，CLI 界面配置和管理起来更加便捷、更加快速，并且不同厂商的 CLI 界面在一定程度上具有相似性，因此专业的网管人员和网络工程师都善于使用 CLI 界面。

CLI 界面由 Shell 程序提供，它是由一系列的配置命令组成的，根据这些命令在配置管理交换机时所起的作用不同，Shell 将这些命令分类，不同类别的命令对应着不同的配置模式。下面将介绍交换机 CLI 的特点。

（1）配置模式介绍

交换机的配置模式有以下几种，如图 3-5 所示。

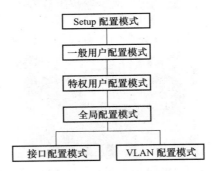

图 3-5 交换机的配置模式

1）Setup 配置模式。一般在交换机第一次启动的时候进入 Setup 配置模式，并不是所有的交换机都支持 Setup 配置模式。

Setup 配置大多是以菜单的形式出现的，在 Setup 配置模式中可以做一些交换机最基本的配置，例如修改交换机提示符、配置交换机 IP 地址、启动 Web 服务等。

用户在进入主菜单之前，会提示用户选择配置界面的语言种类，对英文不是很熟悉的用户可以选择"1"，进入中文提示的配置界面。选择"0"则进入英文提示的配置界面。

Please select language

```
[0]:English
[1]: 中文
Selection (0|1) [0]:0
```

下面是 Setup 主菜单的提示：

```
Configure menu
[0]:Config prompt string          （配置提示符字串）
[1]:Config Admin vlan             （配置管理 VLAN）
[2]:Config web server             （配置 Web 服务）
[3]:Exit setup mode without saving （不保留配置，退出 Setup 配置模式）
[4]:Exit setup mode after saving   （保留配置，退出 Setup 配置模式）
```

在 Setup 主菜单上选择"3"，用户退出 Setup 配置模式的同时在 Setup 模式下所做的配置均不保留。

在 Setup 主菜单上选择"4"，用户退出 Setup 配置模式的同时在 Setup 模式下所做的配置均保留。如用户在 Setup 配置模式下，设置了 IP 地址、打开了 Web 服务，选择"4"退出 Setup 主菜单后，用户就可以通过 PC 对交换机进行 HTTP 管理配置。

用户从 Setup 配置模式退出后，进入 CLI 配置界面。

2）一般用户配置模式。用户进入 CLI 界面，首先进入的就是一般用户配置模式，提示符为"Switch>"，符号">"为一般用户配置模式的提示符。当用户从特权用户配置模式使用命令 exit 退出时，可以回到一般用户配置模式。

在一般用户配置模式下有很多限制，用户不能对交换机进行任何配置，只能查询交换机的时钟和交换机的版本信息。

所有的交换机都支持一般用户配置模式。

3）特权用户配置模式。在一般用户配置模式使用 Enable 命令，如果已经配置了进入特权用户的密码，则输入相应的特权用户密码，即可进入特权用户配置模式"Switch#"。当用户从全局配置模式使用 exit 退出时，也可以回到特权用户配置模式。另外交换机提供 <Ctrl+Z> 的快捷键，使得交换机在任何配置模式（一般用户配置模式除外）都可以退回到特权用户配置模式。

在特权用户配置模式下，用户可以查询交换机配置信息、各个端口的连接情况、收发数据统计等。而且进入特权用户配置模式后，可以进入全局模式对交换机的各项配置进行修改，因此进行特权用户配置模式必须要设置特权用户密码，防止非特权用户的非法使用，对交换机配置进行恶意修改，造成不必要的损失。

所有的交换机都支持特权用户配置模式。

4）全局配置模式。进入特权用户配置模式后，只需使用命令 Config，即可进入全局配置模式"Switch（Config）#"。当用户在其他配置模式，如接口配置模式、VLAN 配置模式时，可以使用命令 exit 退回到全局配置模式。

在全局配置模式，用户可以对交换机进行全局性的配置，如对 MAC 地址表、端口镜像、创建 VLAN、启动 IGMP Snooping、GVRP、STP 等。用户在全局模式下还可以通过命令进入端口对各个端口进行配置。

5）接口配置模式。在全局配置模式，使用命令 Interface 就可以进入相应的接口配置模式。交换机操作系统提供了两种端口类型：① CPU 端口；②以太网端口，因此就有两种接口的配置模式，见表 3-1。

表 3-1　两种接口的配置模式

接 口 类 型	进 入 方 式	提 示 符	可执行操作	退 出 方 式
CPU 端口	在全局配置模式下，输入命令 interface vlan VID	Switch (Config-if-Vlan*) # Console(config-if)#	配置交换机的 IP 地址，设置管理 VLAN	使用 exit 命令即可退回全局配置模式
以太网端口	在全局配置模式下，输入命令 interface ethernet \<interface-list\>	Switch (Config-if\<ethernetxx\>)# Switch(config-if)#	配置交换机提供的以太网接口的双工模式、速率、广播抑制等	使用 exit 命令即可退回全局配置模式

6）VLAN 配置模式。在全局配置模式，使用命令 VLAN \<vlan-id\> 就可以进入相应的 VLAN 配置模式。

如下所示：

```
Switch(Config)#vlan 100
Switch(Config-Vlan100)#
```

在 VLAN 配置模式，用户可以配置本 VLAN 的成员以及各种属性。

（2）配置语法

交换机为用户提供了各种各样的配置命令，尽管这些配置命令的形式各不一样，但它们都遵循交换机配置命令的语法。以下是交换机提供的通用命令格式：

```
cmdtxt <variable> {enum1 | enum2 } [option]
```

语法说明：黑体字 cmdtxt 表示命令关键字；\<variable\> 表示参数为变量；{enum1 | … | enumN } 表示在参数集 enum1 ～ enumN 中必须选一个参数；[option] 中的"[ ]"表示该参数为可选项。在各种命令中还会出现"\< \>""{ }""[ ]"符号的组合使用，如：[\<variable\>], {enum1 \<variable\>| enum2}，[option1 [option2]] 等。

下面是几种配置命令语法的具体分析：

● show version，没有任何参数，属于只有关键字没有参数的命令，直接输入命令即可。
● vlan \<vlan-id\>，输入关键字后，还需要输入相应的参数值。
● duplex {auto|full|half}，此类命令用户可以输入 duplex half、duplex full 或者 duplex auto。
● snmp-server community {ro|rw} \<string\>，出现以下几种输入情况：
    ● snmp-server community ro \<string\>。
    ● snmp-server community rw \<string\>。
    ● 支持快捷键。

交换机为方便用户的配置，特别提供了多个快捷键，如上、下、左、右键及删除键 BackSpace 等。如果超级终端不支持上下光标键的识别，可以使用 \<Ctrl+P\> 和 \<Ctrl+N\> 组合键来替代。

（3）帮助功能

交换机为用户提供了两种方式获取帮助信息，其中一种方式为使用"help"命令，另一种为"？"方式。交换机获取帮助信息的两种方式见表3-2。

表3-2 交换机获取帮助信息的两种方式

按　键	功　能
help	在任一命令模式下，输入"help"命令均可获取有关帮助系统的简单描述
"？"	① 在任一命令模式下，输入"？"获取该命令模式下的所有命令及其简单描述 ② 在命令的关键字后，输入以空格分隔的"？"，若该位置是参数，会输出该参数类型、范围等描述；若该位置是关键字，列出关键字的集合及其简单描述；若输出"<cr>"，则此命令已输入完整，在该处按 <Enter> 键即可 ③ 在字符串后紧接着输入"？"，会列出以该字符串开头的所有命令

（4）对输入的检查

1）成功返回信息。通过键盘输入的所有命令都要经过 Shell 的语法检查。当用户正确输入相应模式下的命令后，且命令执行成功，不会显示信息。

2）错误返回信息。常见的错误返回信息见表3-3。

表3-3 常见的错误返回信息

输出错误信息	错 误 原 因
Unrecognized command or illegal parameter!	命令无法解析，或者非法参数
Ambiguous command	根据已有输入可以产生至少两种不同的解释
Invalid command or parameter	无效命令或参数
Shell Task error	多任务时，新的 shell 任务启动失败
This command is not exist in current mode	命令可解析，但当前模式下不能配置该命令
Please configurate precursor command "*" at first !	当前输入可以被正确解析，但其前导命令尚未配置
syntax error : missing '"' before the end of command line!	输入中使用了引号，但没有成对出现

（5）支持不完全匹配

绝大部分交换机的 Shell 支持不完全匹配的搜索命令和关键字，当输入无冲突的命令或关键字时，Shell 就会正确解析；有冲突的时候会显示"Ambiguous command"。

例如，对特权用户配置命令"show interface ethernet 0/0/1"，只要输入"sh in e 0/0/1"即可。

再如，对特权用户配置命令"show running-config"，如果仅输入"sh r"，则系统会报"> Ambiguous command!"，因为 Shell 无法区分"show r"是"show rom"命令还是"show running-config"命令，因此必须输入"sh ru"，Shell 才会正确解析。

（6）常用配置技巧

1）命令简写。在输入一个命令时可以只输入各个命令字符串的前面部分，只要长到系统能够与其他命令关键字区分就可以。例如，如果输入"logging console"命令，则可只需输入"logging c"，系统会自动进行识别。如果输入的缩写命令太短，则无法与别的命令区分，系统会提示继续输入后面的字符。

2）命令完成。如果在输入一个命令字符串的部分字符后再按 <Tab> 键，则系统会自动显示该命令的剩余字符串形成一个完整的命令。例如，在输入"log"后再按 <Tab> 键，系统会自动补成"logging"。当然，所输入的部分字符也需要足够长，以区分不同的命令。

3）命令查询。如果知道一个命令的部分字符串，则也可以通过在部分字符串后面输入"？"来显示匹配该字符串的所有命令，例如输入"s?"将显示以 s 开头的所有关键字：

```
Console#show s?
snmp                        startup-config system
```

4）否定命令的作用。对于许多配置命令可以输入前缀 no 来取消一个命令的作用或者是将配置重新设置为默认值。例如，logging 命令会将系统信息传送到主机服务器，为了禁止传送，可输入 no logging 命令。

5）命令历史。交换机可以记忆已经输入的命令，用户可以用 <Ctrl+P> 快捷键调出已经输入的命令，也可以用"show history"来显示已经输入的命令列表。

3.1.3　管理方式

用户购买到交换机设备后，需要对交换机进行配置，从而实现对网络的管理。交换机为用户提供了两种管理方式：带外管理和带内管理。带外管理是指管理和配置的数据流量不占用交换机的带宽；而带内管理的时候数据流量需要占用交换机的带宽。

（1）带外管理

带外管理（out-band management）：即用户通过 Console 口对交换机进行配置管理。通常用户会在首次配置交换机或者无法进行带内管理时使用带外管理方式。

带外管理方式也是使用频率最高的管理方式。带外管理的时候，可以采用 Windows 操作系统自带的超级终端程序来连接交换机，当然，用户也可以采用自己熟悉的终端程序。本章将以超级终端为例。

将 PC 串口与交换机的 RJ45 串口相连，并将设备开机，如图 3-6 所示。

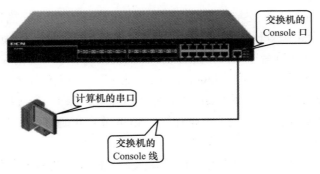

图 3-6　连接 PC 与交换机

CRT 是网络工程师必备工具，可以配置 SSH、Telnet、Serial（串口）等连接到交换机、路由器、服务器等设备。交换机通常使用带外管理（串口登录），打开 SecureCRT，如图 3-7 所示。

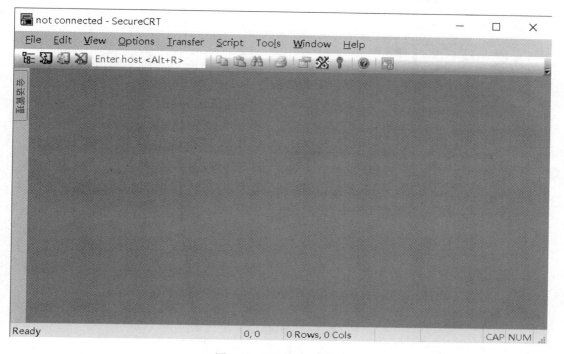

图 3-7　打开 SecureCRT

单击 "File" → "Quick Connect" 打开 "快速连接" 窗口，如图 3-8 所示。

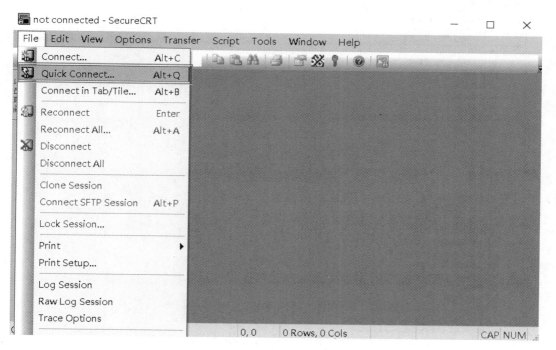

图 3-8　打开 "快速连接" 窗口

通过 Serial（串口）连接到交换机，选择 "Serial"，如图 3-9 所示。

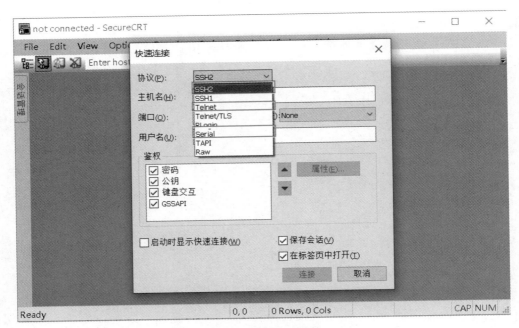

图 3-9　创建快速连接

在"设备管理器"的"端口（COM 和 LPT）"中查看串口的端口号，本例是 COM3，如图 3-10 所示。

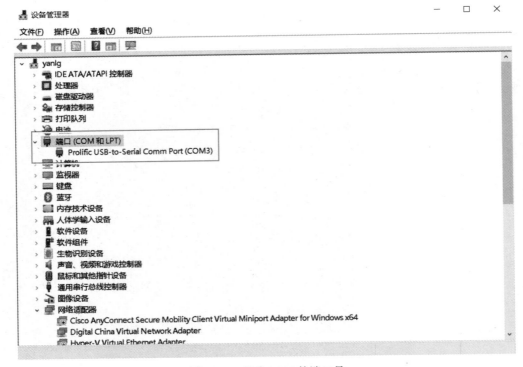

图 3-10　查看 COM 的端口号

本例 Port 端口选择 COM3，根据设备管理器里的串口号进行配置，如图 3-11 所示。

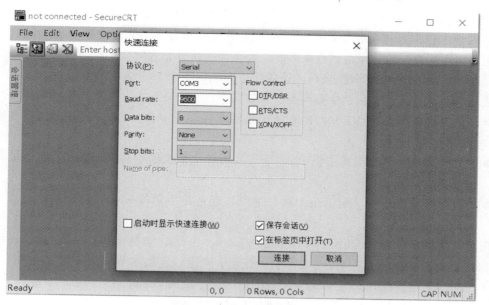

图 3-11　通过 COM3 连接交换机

交换机的波特率一般默认是"9600"，数据位选"8"，奇偶校验选"None"，停止位选"1"，数据流控制选"无"，单击"连接"就可以登录交换机了。

不同型号的交换机或路由器的波特率有所不同，请根据设备说明配置，大多数交换机或路由器的波特率是 9600，也有的是 115200。

成功接入交换机后，按 <Enter> 键即可以进行配置了，如图 3-12 所示。

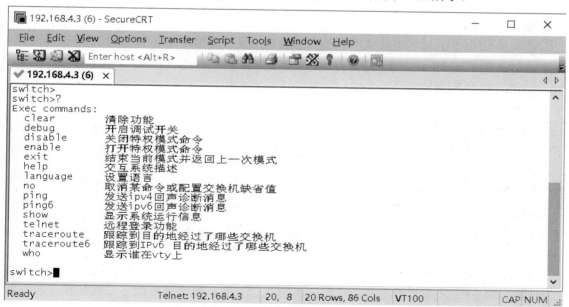

图 3-12　成功接入交换机

（2）带内管理

所谓带内管理（in-band management），即通过 Telnet 程序登录到交换机；或者通过

HTTP访问交换机；或者通过厂商配备的网管软件对交换机进行配置管理。

提供带内管理方式可以使连接在交换机中的某些设备具备管理交换机的功能。当交换机的配置出现变更，导致带内管理失效时，必须使用带外管理对交换机进行配置管理。

1）通过Telnet方式管理交换机，设备连接方法如图3-13所示。

通过Telnet方式管理交换机要具备的条件如下：

- 交换机配置管理VLAN IP地址（通常交换机默认VLAN1的接口IP即为整个交换机的管理地址）。
- 作为Telnet客户端的主机IP地址与其所管交换机的管理VLAN的IP地址在相同网段。
- 若不满足上一条，则Telnet客户端可以通过路由器等设备到达交换机管理VLAN的IP地址。

在默认情况下，管理VLAN为Default VLAN，也就是VLAN 1。因此交换机在没有任何VLAN设置时，Telnet客户端与交换机的任何一个端口连接均可Telnet到交换机。

下面介绍交换机没有任何VLAN设置的情况下，主机Telnet到交换机的步骤。

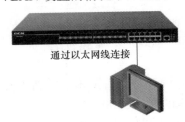

通过以太网线连接

图3-13 通过Telnet管理交换机

第1步：交换机设置IP地址。

给交换机设置IP地址也就是相当于给管理VLAN设置地址。

①进入配置模式。

②进入管理VLAN。

③配置地址和子网掩码。

```
DCS-3926S>
DCS-3926S>enable
DCS-3926S#config
DCS-3926S(Config)#interface vlan 1
DCS-3926S(Config-If-Vlan1)#ip address 10.1.128.251 255.255.255.0
DCS-3926S(Config-If-Vlan1)#no shut
```

第2步：交换机设置授权Telnet用户。

如果没有配置授权用户，则任何Telnet用户都无法进入交换机的CLI配置界面。因此在允许用Telnet方式配置管理交换机时，必须在CLI的全局配置模式下进行配置，与设置交换机IP地址同理，不同厂商的交换机配置命令会有所不同。有些交换机在出厂设置的时候，已经存在一个管理用户"admin"，这个用户有时也可以作为Telnet的用户。

例如，给交换机配置授权用户名为xuxp，密码为明文的digital，设置方式如下：

使用命令 telnet-user <username> password {0|7} <password>

```
DCS-3926S#config
DCS-3926S(Config)#telnet-user xuxp password 0 digital
DCS-3926S(Config)#exit
DCS-3926S#
```

第3步：

配置主机的 IP 地址，要与交换机的 IP 地址在一个网段。如交换机的 IP 地址为192.168.1.1，则可以设置主机的 IP 地址为 192.168.1.2。在主机上执行"ping 192.168.1.1"命令，显示 ping 通；若 ping 不通，则需要再检查原因。终端 IP 地址如图 3-14 所示。

图 3-14　设置终端 IP 地址

第4步：

运行 Windows 操作系统自带的 Telnet 客户端程序，并且指定 Telnet 的目的地址，如图 3-15 所示。

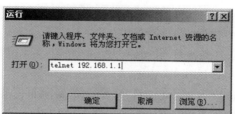

图 3-15　输入 Telnet 命令的窗口

第5步：

登录到 Telnet 的配置界面，需要输入正确的登录名和密码，否则交换机将拒绝该Telnet 访问。该项措施是为了保护交换机免受非授权用户的非法操作。在 Telnet 配置界面上输入正确的登录名和密码，Telnet 用户就可以成功地进入交换机的 CLI 配置界面，如图 3-16 所示。

```
Telnet 192.168.1.100
login:xuxp
password:******
DCS-3926S>enable
DCS-3926S#config
DCS-3926S(Config)#
```

图 3-16　成功登录交换机 CLI 界面的窗口

2）通过 HTTP 管理交换机要具备的条件如下。

① 交换机支持 HTTP 方式。有很多交换机并不具备 Web 管理的界面，因此不支持 HTTP，用户在使用这种方式之前，需要在产品手册中了解是否支持。

② 交换机配置管理 VLAN IP 地址。

③ 作为 Telnet 客户端的主机 IP 地址与其所管交换机的管理 VLAN 的 IP 地址在相同网段。

④ 若不满足上一条，则 Telnet 客户端可以通过路由器等设备到达交换机管理 VLAN 的 IP 地址。

⑤ 交换机有 IP 地址。

⑥ 交换机配置 Web 授权用户。

⑦ 作为 Web 访问的主机 IP 地址与交换机 IP 地址具有可连通性。

⑧ 作为 Web 访问的主机所在的 VLAN 属于管理 VLAN。

⑨ 与 Telnet 用户登录交换机类似，只要主机能够 ping 通交换机的 IP 地址，并且能输入正确的登录密码，该主机就可以通过 HTTP 访问交换机。

步骤如下。

第 1 步：启动交换机 Web 服务。

在交换机中配置模式下启动 Web 服务，或者在交换机的全局配置模式下使用命令 ip http server 启动 HTTP，使能 Web 配置。配置如下：

```
DCS-3926S#config
DCS-3926S(Config)#ip http server
web server is on
```

第 2 步：执行 Windows 的 http。

用户在主机上执行 Windows 的 http，打开交换机的网页；也可以打开浏览器，在地址处输入交换机的 IP 地址，比如交换机的 IP 地址为"192.168.1.1"，如图 3-17 所示。

图 3-17　交换机 Web 登录的窗口

第 3 步：登录到 Web 的配置界面。

登录到 Web 的配置界面，需要输入正确的登录名和密码，否则交换机将拒绝该 HTTP 访问。如图 3-18 所示，该项措施是为了保护交换机免受非授权用户的非法操作。若交换机没有设置授权 Web 用户，则任何 Web 用户都无法进入交换机的 Web 配置界面。因此在允许 Web 方式配置管理交换机时，必须先为交换机设置 Web 授权用户和密码。

例如，交换机的授权用户名为 admin，密码为明文的 digital，可以使用命令 web-user <user> password {0|7} <password>。

设置方式和登录方式如下：

```
DCS-3926S(Config)#web-user admin password 0 digital
DCS-3926S(Config)#
```

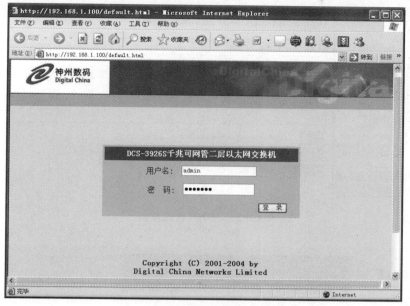

图 3-18 交换机 Web 登录的首页

第 4 步：输入正确的用户名和密码，单击"登录配置 3926S 交换机"，进入交换机的
Web 配置主界面，如图 3-19 所示。

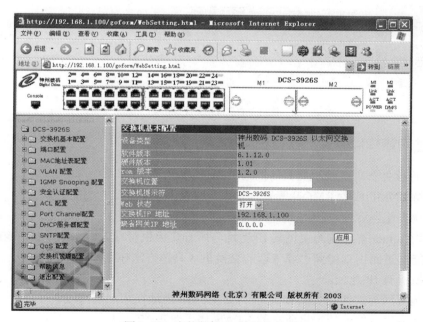

图 3-19 交换机 Web 管理的首页

其他型号的交换机也可以做类似的 Web 界面管理，界面如图 3-20 和图 3-21 所示。

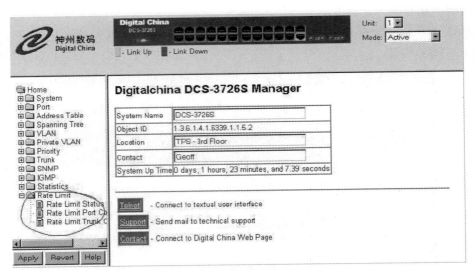

图3-20　3926S 管理界面

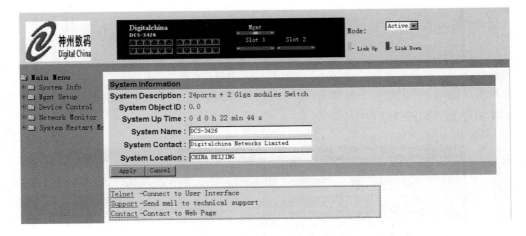

图3-21　3426S 管理界面

3.1.4　通过网管软件管理交换机

通过网管软件管理交换机需具备的条件如下。

● 支持 SNMP 或者 RMON 等管理协议，支持网管软件。

● 交换机配置管理 VLAN IP 地址。

● 作为 Telnet 客户端的主机其 IP 地址与所管交换机管理 VLAN IP 地址在相同网段。

● 也能通过路由功能到达要管理的交换机（具体方法在路由部分讲解）。

● 交换机有 IP 地址。

● 安装有网管软件的主机 IP 地址与交换机 IP 地址在相同的网段。

● 安装有网管软件的主机所在的 VLAN 属于管理 VLAN。

安装网管软件的主机必须能 ping 通交换机的 IP 地址，这样在运行网管软件时，网管软件就能找到交换机这台设备，并且对其进行可读写的操作。具体如何通过网管软件管理交换机在本章中不做介绍，不同的网管软件界面和用法都有所不同。

3.2　升级维护

交换机的存储器（包含了 BootRom、Flash 和 NVRAM）中有下列 3 种类型的文件，用户可以将其上传到 TFTP 服务器保存，或者可以从 TFTP 服务器下载这些文件到 Flash 中使用，可以对这些文件进行复制、删除或设置为启动文件。

配置文件：该类文件用于保存交换机的配置，用户可以通过保存命令创建不同的配置文件。配置文件可以设为启动时使用，也可以通过 TFTP 上传到服务器备份。

操作代码：该类文件为交换机启动后使用的系统文件，或称为执行代码。该代码执行交换机操作，提供了 CLI、SNMP、Web 等操作界面和管理功能。

启动代码：交换机加电自检时使用的程序。

由于存储器的限制，交换机一般只可以保存 1 ～ 2 个操作代码文件和诊断代码文件，但是只要存储器容量允许，可以保存的配置文件数量不受限制。

在每类文件中，必须指定其中的一个作为交换机的启动文件。交换机启动时，执行指定为启动文件的启动代码，加载指定为启动文件的操作代码，并将交换机按照指定为启动文件的配置文件来进行配置。

通常对设备的维护包括以下 3 个方面：①交换机配置文件的保存、备份及恢复，交换机恢复出厂设置；②交换机系统操作代码的备份和升级；③特权密码的恢复。

下面分别就这几个方面展开说明。

3.2.1　交换机配置文件的保存、备份

交换机的配置文件可以使用 show 命令查看，如下：（注：本节使用的设备与前面小节有所不同）

```
switch#show startup-config% Can't open startup-config
```

在上面的输出中，我们发现，系统报错，中文含义就是说交换机没有找到名字为 startup-config 的文件，这是什么原因？

前面曾经讲过存储组件，在交换机的 NVRAM 中保存的文件一般被称为启动配置文件，这个文件是由管理员手动保存后才生成的，没有找到文件就意味着管理员还没有保存过。

此时再执行保存命令 write，再次查看就会看到启动配置文件了，如下：

```
switch#write
switch#sh starup-config
!
no service password-encryption
!
hostname DCRS-5650-28
```

```
!
vlan 1
!
Interface Ethernet0/0/1
!
Interface Ethernet0/0/2
!
Interface Ethernet0/0/3
!
Interface Ethernet0/0/4
!
Interface Ethernet0/0/5
!
Interface Ethernet0/0/6
!
Interface Ethernet0/0/7
!
Interface Ethernet0/0/8
!
 Interface Ethernet0/0/9
!
Interface Ethernet0/0/10
!
Interface Ethernet0/0/11
!
Interface Ethernet0/0/12
!
Interface Ethernet0/0/13
!
Interface Ethernet0/0/14
!
Interface Ethernet0/0/15
!
Interface Ethernet0/0/16
!
Interface Ethernet0/0/17
!
```

```
Interface Ethernet0/0/18
!
Interface Ethernet0/0/19
!
Interface Ethernet0/0/20
!
Interface Ethernet0/0/21
!
Interface Ethernet0/0/22
!
Interface Ethernet0/0/23
!
Interface Ethernet0/0/24
!
Interface Ethernet0/0/25
!
Interface Ethernet0/0/26
!
Interface Ethernet0/0/27
!
Interface Ethernet0/0/28
!
no login
!
End
```

　　一般为了安全起见，会把交换机的配置文件同时保存在一个网络中的服务器中，目前常用的服务器是 TFTP 服务器。

　　TFTP 服务器是 FTP 服务器的简化版本，特点是功能不多，小而灵活。目前市场上 TFTP 服务器的软件很多，所有的网络设备供应商基本上都有自己的 TFTP 服务器软件，每种软件虽然界面不同，功能都是一样，使用方法也都类似：首先是软件安装，安装完毕之后设定根目录，需要使用的时候，开启 TFTP 服务器即可。

　　在使用 TFTP 服务器上传、下载配置文件之前，要使 TFTP 服务器与交换机是互相连通的，如图 3-22 所示。TFTP 服务器与交换机之间使用网线互连，假设 TFTP 服务器的主机地址为 192.168.1.2，交换机的地址为 192.168.1.1，两者的 IP 地址在一个网段。在 TFTP 服务器上执行"ping 192.168.1.1"命令，应该显示 ping 通；若 ping 不通，则需要检查原因。

　　在图 3-23 中，另有一台计算机通过 Console 口连接到交换机上，其实 TFTP 服务器可以和该计算机是同一台机器。只要安装并启动了 TFTP 服务器软件的机器都可以称之为 TFTP 服务器。

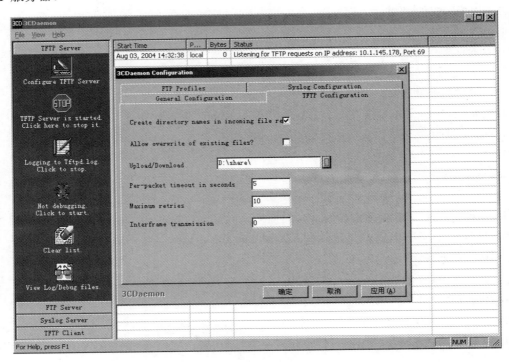

图 3-22　TFTP 服务器

图 3-23　交换机与 TFTP 服务器和终端连接的拓扑

配置文件的备份操作使用命令 copy 进行，此命令模式为特权模式。备份过程可参考下列序列。

```
copy startup-config tftp://192.168.1.2/5650-28-start
Confirm copy file[Y/N]:y
Begin to send file, please wait...File transfer complete.close tftp client.
switch#
```

保存后的文件可在 TFTP 的根目录下找到，利用写字板打开即可查看完整的配置文件。

3.2.2　交换机配置文件的恢复

有时，网络管理员需要将保存在服务器中的配置文件恢复到交换机中，此过程是刚才过程的反过程，命令的使用和结果，可参考如下过程。

```
switch#copy tftp://192.168.1.2/5650-28 startup-cofig
```

```
Confirm copy file[Y/N]:y

Begin to receive file, please wait...File transfer complete.Recv total 888 bytesBegin to write local file, please wait...

Write ok.close tftp client.

switch#
```

注意此时的 tftp://192.168.1.2/5650-28 为保存在 TFTP 服务器根目录下的交换机文件。

3.2.3 交换机恢复出厂设置

有时需要将交换机恢复到出厂设置，以便从头配置交换机，不受原有配置的干扰，在 DCN 交换机中，恢复出厂值需要一系列的指令，序列可参考如下：

```
switch#set default

Are you sure? [Y/N] = y

switch#write

switch#reload

Process with reboot? [Y/N] y
```

注意此序列一旦由 set default 开始，必须由重启结束，否则一切操作都将无法保存。

3.2.4 交换机系统操作代码的备份

系统操作代码代表交换机的版本，版本的升级就是指对操作系统代码的更新。在更新后，新的操作代码将覆盖原有代码在交换机重启的时候读取到 SDRAM 中运行。因此在升级之前，为了安全起见，都会将原有交换机的操作代码进行备份，此过程由 copy 命令完成，如下：

```
switch#copy nos.img tftp://192.168.1.2/5650-28-nos.img

Confirm copy file[Y/N]:y

Begin to send file, please wait...###############################################
#############################################################################
#############################################################################
#############################################################################
#############################################################################
#############################################################################
#############################################################################
#############################################################################
########################################### ###File transfer complete.
close tftp client.

switch#
```

3.2.5 交换机系统操作代码的升级

在 DCN 设备中，此过程也是由 copy 命令完成的，具体方式可参考如下：

```
switch#copy tftp://192.168.1.2/5650-28-nos.img nos.img

Confirm copy file[Y/N]:y
```

```
    Begin to receive file, please wait...###############################################
###########################################################################################
###########################################################################################
###########################################################################################
#################################################################### ######################
###########################################################################################
################################################## ########################################
###########################################################################################
###########################################################################################
################################################################File transfer complete.Recv total
4441705 bytesBegin to write local file, please wait...
    Write ok.
    close tftp client.
    switch#
```

3.2.6 特权密码的恢复

在实际环境中，会发生管理员一段时间不使用交换机，忘记登录密码，导致维护交换机时发现无法登录，此时 DCN 设备提供了紧急情况下密码恢复的命令，过程如下。

交换机重启检测内存时，按下 <Ctrl+Break> 组合键，将进入 bootrom 模式，如下：

```
Management Switch

Copyright (c) 2001-2005 by Digital China Networks Limited.
All rights reserved.

Testing RAM...
67,108,864 RAM OK.
    （此时按下 Ctrl+Break）

Loading BootROM...
Starting BootRom...
Attaching to file system ...
Initializing...
##############################################################################......
DONE.
216.13 BogoMIPS

CPU: PowerPC MPC8245MH266, Revision 14
Version: 1.3.1
```

```
Creation date: Dec 22 2006, 16:00:32


Attached TCP/IP interface to sc0.
[Boot]:
```

此时输入 del startup-config，即可以删除当前的配置文件，再输入 reboot 重启设备就没有密码登录特权模式了。

值得注意的是，在上述这种情况下，还可以对操作系统文件进行 TFTP 传递，这种方式有效保证了在当前操作系统代码损坏的情况下无法启动到正常模式时的操作系统恢复办法，具体的命令和过程参考如下：

```
[Boot]: setconfig
Host IP Address: [10.1.1.1] 192.168.1.1
Server IP Address: [10.1.1.2] 192.168.1.2
FTP(1) or TFTP(2): [1] 2
Network interface configure OK.


[Boot]: load 5650-28-5470
Loading...
entry = 0x10010
size = 0x43e744


[Boot]: write
missing parameter


[Boot]: write 5650-28-5470
Writing ...


Write file OK.


[Boot]:
```

此时重新启动即可看到新版本的操作系统。

第 4 章　虚拟局域网 VLAN

4.1　VLAN 协议简介

VLAN：Virtual Local Area Network，中文含义为虚拟局域网。

4-1　VLAN 与 TRUNK

根据局域网的定义，局域网是在一个小范围的网络，从技术角度讲主要为了解决终端之间的互联问题，实现一种高速的数据传输以达到资源共享的目的。在传统的网络中，当使用交换机或集线器所连接的局域网络中，所有交换机连接的终端所在的网络范围构成了一个广播域，也就是说，当这个范围中的某个终端发送本地广播时，所有其他设备都将收到它，通常，我们也将一个广播域称为一个局域网络。

一台交换机所连接的所有设备就构成了一个广播域，也是一个局域网。虚拟局域网（VLAN）则是一组逻辑上的设备或用户，这样一组逻辑上在相同 VLAN 中的设备可以共享广播数据，单播数据可直达。所谓逻辑就是指不论这些设备是否在同一台交换机上，它们都可以共享相同的广播数据，单播数据则可以直接到达。进一步说，即便在同一台交换机的设备，如果它们逻辑上不是在同一个 VLAN 中，也是不可以共享相同广播数据，单播数据也需要通过路由转发才可以互通。

如图 4-1 所示，如果在一个多媒体教学楼中安排计算机房时与语音室处于同一个楼层内，为了保证计算机房与语音室的相对独立，又能够使不同楼层的语音室和计算机房处于同一个网络内，就需要划分对应的 VLAN，使计算机房连接的端口都处在同一个 VLAN 内，而语音室连接的端口都处在另一个 VLAN 内，这样就能保证它们之间的数据互不干扰，也不影响各自的通信效率了。

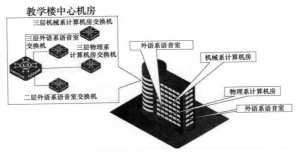

图 4-1　某教学楼中心机房交换机连接拓扑

划分 VLAN 的原因如下。

- 基于网络性能考虑：大型网络中有大量的广播信息，如果不加以控制，则会使网络性能急剧下降，甚至产生广播风暴，使网络阻塞。因此需要采用 VLAN 将网络分割成多个广播域，将广播信息限制在每个广播域内，从而降低了整个网络的广播流量，提高了性能。
- 基于安全性的考虑：在规模较大的网络系统内，各网络节点的数据需要相对保密。例如在公司的网络中，财务部门的数据不应该被其他部门的人员采集到，可以通过划分 VLAN 进行部门隔离，不同的部门使用不同的 VLAN，可以实现一定的安全性。

- 基于组织结构考虑：同一部门的人员分布在不同的地域，需要数据的共享，则可以跨地域（跨交换机）将其设置在同一个 VLAN 中。
- 设置灵活：在以往的网络设计中，使用不同的交换机连接不同的局域子网络，当终端需要在不同的子网络之间调整时，如果每个交换机的端口都有备份的设计，可选用 12 口交换机，如果选用的交换机有 24 口或 16 口，虽然整个网络的调整可以方便地进行，但此时交换机端口比较浪费。如果为了节省投资，交换机的端口都是刚刚好的设计，则势必造成终端调整的灵活性受限。如果采用 VLAN 则可以使用交换机的设置以及交换机之间的配置，既节省投资又能灵活实现需求。

VLAN 的优点：

- 能减少管理开销。
- 提供控制广播活动的功能。
- 支持工作组和网络的安全性。
- 利用现有的交换机以节省开支。

VLAN 的实现方法：

① 基于端口的 VLAN。

基于端口的 VLAN 就是以交换机上的端口为划分 VLAN 的操作对象，将交换机中的若干个端口定义为一个 VLAN，同一个 VLAN 中的站点在同一个子网里，不同的 VLAN 之间进行通信需要通过路由器。

采用这种方式的 VLAN 不足之处是灵活性不好。例如，当一个网络站点从一个端口移动到另外一个新的端口时，如果新端口与旧端口不属于同一个 VLAN，则用户必须对该站点重新进行网络地址配置，否则，该站点将无法进行网络通信。在现代局域网实施中通常使用 DHCP 服务器为客户端分配网络属性的设置。

如图 4-2 所示，如果某个节点如第二、三两个节点由于主机角色的变更，它们在网络中的身份也发生了变化，这样，对于网络管理员来说，只需要将第二、三个节点连接的端口分别从原有的 VLAN 删掉，再加入到新的 VLAN 中即可（交换机软件配置）。而不必在机柜设备中将对应的线缆拔开再插入到新的端口中了。

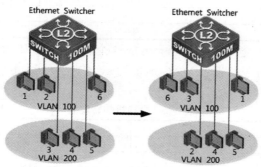

图 4-2 基于端口的 VLAN

② 基于 MAC 地址的 VLAN。

在基于 MAC 地址的 VLAN 中，以网络设备的 MAC 地址（物理地址）为划分 VLAN 的操作对象，将某一组 MAC 地址的成员划分为一个 VLAN，而无论该成员在网络中怎样移动，由于其 MAC 地址保持不变，用户不需要进行网络地址的重新配置。这种 VLAN 技术的不足之处是在站点入网时，需要对交换机进行比较复杂的手工配置，以确定该站点属于哪一个 VLAN。

这种 VLAN 划分方法，对于小型园区网的管理是很好的，但当园区网的规模扩大后，网络管理员的工作量也将变得很大。因为在新的节点加入网络时，必须要为它们分配 VLAN 以正常工作，而统计每台机器的 MAC 地址将耗费管理员很多时间，将这些 12 位的十六进制数在交换机中进行配置也不是一件轻而易举的事情。就算可以使用特定的服务器完成这样的过程，对网络的整体性能也将产生一定的影响。因此在现代园区网络的实施中，这种基于 MAC 地址的 VLAN 划分的办法慢慢已经被人们淡忘了。

4.2　单交换机 VLAN

PVID 与 VID：VID（VLAN ID）是 VLAN 的标识，定义其中的端口可以接收发自这个 VLAN 的包；而 PVID（Port VLAN ID）定义这个 untag 端口可以转发哪个 VLAN 的包。比如，当端口 1 同时属于 VLAN 1、VLAN 2 和 VLAN 3 时，而它的 PVID 为 1，那么端口 1 可以接收到 VLAN1、VLAN2、VLAN3 的数据，但发出的包只能发到 VLAN 1 中。

在如图 4-3 所示的交换机中，我们将端口 1 和 2 划分到 VLAN100 中，将端口 3 ～ 5 划分到 VLAN200 中，将端口 6、7 划分到 VLAN300 中。在 DCS-3926S 的实现中，如果这几个端口全部是 Access 端口，则它们的 PVID 和 VID 都是一对一对应的，见表 4-1。

图 4-3　交换机端口与 VLAN 示意

表 4-1　PVID 和 VID 端口

端口	PVID	VID
端口 1	100	100
端口 2	100	100
端口 3	200	200
端口 4	200	200
端口 5	200	200
端口 6	300	300
端口 7	300	300

在这样的设置下，在交换机中实际会形成一个区分不同 VLAN 信息的 MAC 地址端口转发表。假设，端口 1 对应的设备 MAC 地址为 a，依次类推为 b、c、d、e、f、g，则交换机的转发表见表 4-2。

表 4-2　交换机的转发表

端口	PVID	MAC 地址	VID
端口 1	100	a	100
端口 2	100	b	100
端口 3	200	c	200
端口 4	200	d	200
端口 5	200	e	200
端口 6	300	f	300
端口 7	300	g	300

当 a 设备发送了一个数据想与 c 设备通信时，我们分析交换机的动作过程。

1）交换机从端口 1 接收到目的地址为 c 的数据帧。

2）交换机查看接收端口的 PVID 值，此例中为 100。

3）根据交换机查看 MAC 地址表的结果，此数据帧的目的地址 c 对应的端口其 VID 值与接收端口的 PVID 值不一致，因此认为，源与目的不在同一个 VLAN 中，数据被丢弃。

4）如果此时交换机刚刚加电，则交换机查看目的 MAC 的结果是没有在 MAC 地址表中查询到对应的端口，则此时交换机会根据接收端口的 PVID 值，在交换机的部分端口中对此数据帧进行广播式的发送，其范围就锁定在所有 VID 值与接收端口的 PVID 值相同的端口中，如本例中如果 c 不在端口中有所对应，则广播范围为端口 1 和 2，因为只有它们的 VID 值与接收端口 1 的 PVID 值是一致的。

如果跨越了多台交换机，则又会如何转发呢？

4.3　跨交换机 VLAN

分布在两个楼层的设备基本要使用不同交换机，在图 4-1 所示环境中势必产生两个交换机间如何交换相同 VLAN 的信息，以及如何区分不同 VLAN 的问题。交换机必须保证从外语系语音室接收的信息如果在本地交换机没有出口，转发给另一台交换机时也必须让对方知道信息是属于外语系语音室的，从而不会被对方转发给计算机房。

但从前面的介绍我们知道，VLAN 的信息是在单个交换机中实施的，当数据发出交换机时，不携带 VLAN 的信息。因此，为了解决这个问题，IEEE 制定的 802.1q 标准为必要的帧分配一个唯一的标记用以标识这个帧的 VLAN 信息。帧标记法正在成为标准的主干组网技术，它能为 VLAN 在整个网络内运行提供更好的可升级性和可跨越性。

帧标记法是为适应特定的交换技术而发展起来的，当数据帧在网络交换机之间转发时，在每一帧中加上唯一的标识，每一台交换机在将数据帧广播或发送给其他交换机之前，都要对该标记进行分析和检查。当数据帧离开网络主干时，交换机在把数据帧发送给目的地工作站之前清除该标识。

IEEE 802.1q 使用了 4 字节的字段来打 tag（标记），4 字节的 tag 头包括了 2 字节的 TPID（Tag Protocol Identifier）和 2 字节 TCI（Tag Control Information）。IEEE 802.1q 的帧结构如图 4-4 所示。

2 字节 TPID 是固定的数值 0x8100。这个数值表示该数据帧承载了 802.1q 的 tag 信息。

2 字节 TCI 包含以下的字段：3bit 用户优先级；1bit CFI（Canonical Format Indicator），默认值为 0；还有 12bit 的 VID（VLAN Identifier，VLAN 标识符）。

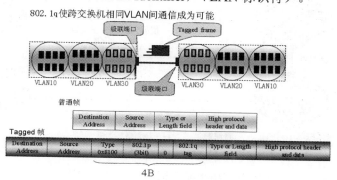

图 4-4　IEEE 802.1q 的帧结构

在 IEEE 802.1q 设备实现中，有两种动作行为。

- 封装：将 802.1q VLAN 的信息加入数据帧的包头。具有加标记能力的端口将会执行封装操作。将 VID、优先级和其他 VLAN 信息加入到所有从该端口接收到的数据帧内。
- 去封装：将 802.1q VLAN 的信息从数据帧头去掉的操作。具有去封装能力的端口将会执行解封装操作，将 VID、优先级和其他 VLAN 信息从所有从该端口转发出去的数据帧头中去掉。

与之对应的，交换机的端口也分为两种。

- Trunk 端口：一般情况下，从 Trunk 端口转发出去的数据帧一定是已经封装 VLAN 标识的数据帧。802.1q 数据帧发出 Trunk 端口，端口对数据不做任何动作；因为数据帧从交换机的任何端口进入都将被封装成为 802.1q 数据帧，因此在交换机需要转发出一个数据时，这个数据帧一定是 802.1q 数据帧。普通数据帧进入 Trunk 端口时，根据 Trunk 端口本身的 PVID 值对数据进行 802.1q 封装。
- Access 端口：从 Access 端口转发出去的数据帧一定是已经去掉封装的数据帧。802.1q 数据帧被 Access 端口转发时，端口执行去封装操作，把数据帧中的标记去除；普通数据进入 Access 端口，端口也会根据本身的 PVID 对数据进行 802.1q 封装。

表 4-3 详细列出了不同的数据帧进出不同的端口所需要进行的动作。

表 4-3 不同数据帧进出不同的端口

帧	802.1q 数据帧		普通数据帧	
端口	in	out	in	out
Trunk 端口	按照数据 VID 值转发	无动作	按端口 PVID 封装数据	—
Access 端口	不识别	去封装	按端口 PVID 封装数据	—

如图 4-5 所示，三层的外语系语音室主机要想发送数据给二楼的语音室主机，必须跨过两台交换机。当发送数据时，在进入交换机端口之前，数据帧中没有被加入 VLAN 信息，当该数据进入交换机端口之后，该数据帧首先按照该端口的 PVID 值进行 802.1q 封装，这样，这个数据在交换机中寻找的目的端口的范围就被限制在 VID 值 =802.1q 数据 VID 的那些端口中，只有它们能够发送这个帧。

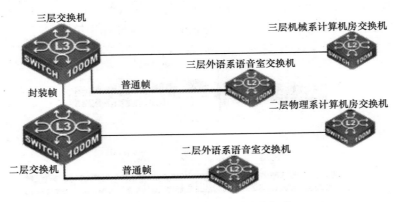

图 4-5 教学楼核心机房交换机连接拓扑

　　这里需要注意级联端口，由于它需要在不同场合携带多个 VLAN 的消息，也就意味着它本身必须有能力从自己交换机接收不同 VLAN 的数据，因此它的 VID 通常会包含自身交换机的所有已配置 VLAN ID。

　　交换机在收到数据之后，通常会根据目的 MAC 地址与自身端口 MAC 表中表项的匹配与否来决定如何转发数据帧。这里我们将 VLAN 信息结合在一起理解。

　　数据进入交换机后，封装了端口的 PVID 值成为数据帧的 VID（VID-data），交换机就根据这个 VID 值（VID-data）检查哪些接口的 VID（VID-port）与它相同，如果相同则继续比较目的 MAC 与此端口的 MAC 表项是否匹配，如果匹配则转发数据给这个端口。

　　如图 4-6 所示，如果此时 A 向 G 发送一个数据帧，假设现在的交换机已经配置完全，并且动态的 MAC 地址表已经被完整写入到了交换机中，那么 SW1 从端口 1 接收到这个数据之后，会根据端口 1 的 PVID 值封装数据的 VID 值，即将数据的 VID 值封装为 10。此时，根据图 4-6 中的表格可以看到，只有端口 1 ～ 3 和端口 24 的 VID 值满足条件可以接收这个数据，这时根据目的 MAC（G），交换机决定向端口 24 发送这个数据。

SW1	端口	MAC	PVID	VID	属性
	1～3	A,B,C	10	10	Access
	4～6	D,E,F	20	20	Access
	24	G,H,I,J,K,L	10	10，20	Trunk
SW2	1～3	G,H,I	10	10	Access
	4～6	J,K,L	20	20	Access
	24	A,B,C,D,E,F	10	10，20	Trunk

图 4-6　交换机 VLAN 划分情况

　　当数据帧从 Trunk 端口流向另一台交换机时，因为该数据帧已经被打入了 802.1Q 标识，从交换机端口发出时，不会再根据 VLAN 信息进行封装，数据自然携带了 VLAN 值。

　　值得注意的是，当 Trunk 端口需要向外转发数据时，它通常将那些 VID 值与它（这个 Trunk 端口）的 PVID 相同的数据封装拆掉，将这个数据当作普通帧发送出去。

　　对端交换机从 Trunk 端口接收数据之后，根据 802.1q 的标识发现此数据帧是一个封装帧，对于已经携带 VLAN 信息的数据，交换机的 Trunk 端口直接根据数据的 VID 进行转发，而当普通数据从 Trunk 端口进入交换机时，它会根据端口 PVID 值封装数据的 VID。

　　在图 4-6 所示的表格中，由于 SW2 中 VID 值等于数据 VID 的端口是 1 ～ 3 和 24，因此交换机会在这些端口中寻找目的 MAC（G）所在位置，此时，发现在端口 1 中连接目的 G，所以交换机将此数据从端口 1 发出。

　　此时由于端口 1 是 Access 端口，因此当数据发出端口之前，交换机将数据的 802.1Q 封装去掉，以确保数据是一个普通数据可以被普通网卡正常接收。

　　在图 4-7 所示的环境中，高校的两个教学楼中分别有会议室（属信息中心 VLAN）、教室（属学生 VLAN）、党办（属行政 VLAN）。整个校园网络是一个整体，这样就要求同一个 VLAN 的成员相互可以访问，成为一个虚拟的局域网络，因此在两台教学楼汇聚交换机中进行 802.1q VLAN 的实施，这样可以确保两个教学楼中的相同成员之间的互访和不同成员之间的隔离。

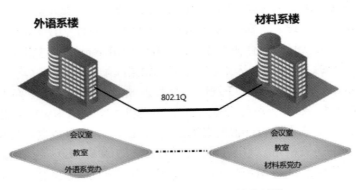

图 4-7　两个教学楼通过 Trunk 链路互联

　　现有局域网络基本采用星形连接，通常会在网络中心配置一台高速交换机用于互联各个不同楼宇的设备。在这样的环境中 VLAN 的实现方式与此前所述是一样的，IEEE 802.1Q 是可以进行穿透的技术。如果需要在整个交换网络中实施统一的 VLAN 规划，则可以在各个需要的位置实施 IEEE 802.1q 封装。这样，各个链路段所代表的 VLAN 编号是具有全局意义的。

　　注意：本书所述 VLAN 封装过程符合绝大多数交换设备实现过程，但此过程与 IEEE 802.1q 标准定义有一定出入，需要详细理解 IEEE 802.1q 标准的读者，请查阅相关资料。

　　在交换机中 VLAN 的配置可以分为 2 个任务：

① 创建 VLAN。

```
switch(config)#vlan 10
switch(Config-Vlan10)#
```

② 将端口划入 VLAN。

```
switch(Config-Vlan10)#switchport interface ethernet 0/0/1-10
Set the port Ethernet0/0/1 access vlan 10 successfully
Set the port Ethernet0/0/2 access vlan 10 successfully
Set the port Ethernet0/0/3 access vlan 10 successfully
Set the port Ethernet0/0/4 access vlan 10 successfully
Set the port Ethernet0/0/5 access vlan 10 successfully
Set the port Ethernet0/0/6 access vlan 10 successfully
Set the port Ethernet0/0/7 access vlan 10 successfully
```

Set the port Ethernet0/0/8 access vlan 10 successfully

Set the port Ethernet0/0/9 access vlan 10 successfully

Set the port Ethernet0/0/10 access vlan 10 successfully

switch(Config-Vlan10)#exit

当某端口是 Trunk 属性时，还可以用如下的方法配置端口的属性。

switch(config)#interface ethernet 0/0/24

switch(Config-If-Ethernet0/0/24)#switchport mode trunk

Set the port Ethernet0/0/24 mode TRUNK successfully

switch(Config-If-Ethernet0/0/24)#

为端口配置 PVID 命令如下。

switch(Config-If-Ethernet0/0/24)#switchport trunk native vlan 10

Set the port Ethernet0/0/24 native vlan 10 successfully

switch(Config-If-Ethernet0/0/24)#

为端口配置 VID 命令如下。

switch(Config-If-Ethernet0/0/24)#switchport trunk allowed vlan 10;20

set the port Ethernet0/0/24 allowed vlan successfully

switch(Config-If-Ethernet0/0/24)#

第5章 生成树协议

如果为了提供冗余而创建多个连接，则网络中可能产生环路，交换机使用 STP（Spanning Tree Protocol，生成树协议）避免环路。

在局域网中，为了提供可靠的网络连接，需要网络提供冗余链路。"冗余链路"的工作原理和走路一样，这条路不通，走另一条路就可以了。冗余就是准备两条以上的通路，如果哪一条路不通了，就从另外的路走。

5.1 生成树协议简介

在网络发展初期，透明网桥是一个很重要的网络设备。它比只会放大和广播信号的集线器更智能。在转发数据报的过程中，它可以记录下数据帧的源 MAC 地址和对应端口号，下次遇到这个目的 MAC 地址的报文就直接从记录中的端口号发送出去，只有当目的 MAC 地址没有记录在案或者目的 MAC 地址本身就是多播地址才会向所有端口发送。

通过透明网桥，不同的局域网之间可以实现互通，网络可操作的范围得以扩大，而且由于透明网桥具备 MAC 地址学习功能而不会像 HUB 那样造成网络报文碰撞泛滥。

透明桥接网络的传输数据过程主要基于如下几个要素：

1）网桥（交换机）对于帧源 MAC 地址与端口对应的自动学习能力。

2）网桥（交换机）对于未知目的 MAC 地址帧的广播转发。

3）网桥（交换机）对于学习到的地址与端口的对应关系的自动更新能力。

4）网桥（交换机）对于接收到的数据帧在发出之前不做任何的更改。

透明网桥在性能上提供了一定的优越性后，也在其他方面暴露出了它的问题，而它的问题起因也就在于以上特性。

透明网桥并不能像路由器那样知道报文怎样到达最终目的地，报文可以经过多少次转发，一旦网络存在环路就会造成报文在环路内不断循环和增生，甚至造成"广播风暴"，我们知道广播风暴是二层交换网络中灾难性的故障。

总结起来，二层交换网络中的主要问题在于：

1）广播风暴。

2）同一帧的多份复制。

3）不稳定的 MAC 地址表。

因此，二层交换网络中必须存在一个机制来阻止回路，这就是生成树协议。

生成树协议的基本思想十分简单，众所周知，自然界生长的树是不会出现环路的，如果网络也能够像一棵树一样生长就不会出现环路。于是，STP 中定义了根桥、根端口、指定端口、路径开销等概念，目的就在于通过构造一种方法达到裁剪冗余环路的目的，同时实现链路备份和路径最优化。

要实现这些功能，网桥之间必须要进行一些信息的交流，这些信息交流单元就称为桥接协议数据单元（BPDU，Bridge Protocol Data Unit）。STP BPDU 是一种二层报文，目的 MAC 是多播地址 01-80-C2-00-00-00，所有支持 STP 的网桥都会接收并处理收到的 BPDU 报文。该报文的数据区里携带了用于生成树计算的所有有用信息。

5.1.1　生成树协议数据单元

交换机之间定期发送 BPDU 包，交换生成树配置信息，以便能够对网络的拓扑、开销或优先级的变化做出及时响应。

下面将详细讨论设备如何通过 BPDU 包的传递进行如上的操作。首先了解 BPDU 数据包的格式，如图 5-1 所示。

协议 ID（2）	版本（1）	消息类型（1）	标志（包括拓扑变化）（1）	根 ID（2）	根开销（6）
网桥 ID（2）	端口 ID（2）	消息寿命（2）	最大生存时间（2）	Hello 计时器（2）	转发延迟（2）

```
protocol id:     0000 IEEE 802.1d
version id:      00
bpdu type:       00 config bpdu, 80 tcn bpd
bit field:       1 byte
  1 : topology change flag
  2 : unused        0
  3 : unused        0
  4 : unused        0
  5 : unused        0
  6 : unused        0
  7 : unused        0
  8 : topology change ack
root priority    2 bytes
root id:         6 bytes
root path cost:  4 bytes
bridge priority: 2 bytes
bridge id:       6 bytes
port id:         2 bytes
message age:     2 bytes in 1/256 secs
max age:         2 bytes in 1/256 secs
hello time:      2 bytes in 1/256 secs
forward delay:   2 bytes in 1/256 secs
```

图 5-1　BPDU 数据包的格式

- 协议 ID：对于 IEEE 802.1d 而言恒为 0。
- 版本：恒为 0。
- 消息类型：决定该帧中所包含的两种 BPDU 格式类型（配置 BPDU 或 TCN BPDU）。
- 标志：标志活动拓扑中的变化，包含在拓扑变化通知（Topology Change Notifications）的下一部分中。
- 根 ID：包括有根网桥的网桥 ID。收敛后的网桥网络中，所有配置 BPDU 中的该字段都应该具有相同值（单个 VLAN）。可以细分为两个 BID 子字段，根桥优先级和根桥 MAC 地址。
- 根开销：通向根网桥（Root Bridge）的所有链路的积累花销。
- 网桥 ID：创建当前 BPDU 的网桥 ID。对于单交换机（单个 VLAN）发送的所有 BPDU 而言，该字段值都相同，而对于交换机与交换机之间发送的 BPDU 而言，该字段值不同。
- 端口 ID：每个端口值都是唯一的。例如端口 1/1 值为 0×8001，而端口 1/2 值为 0×8002。
- 消息寿命：记录根桥生成当前 BPDU 起源信息所消耗的时间。

- 最大生存时间：保存 BPDU 的最长时间，也反映了拓扑变化通知（Topology Change Notification）过程中的网桥表生存时间情况。
- Hello 计时器：指周期性配置 BPDU 的时间。
- 转发延迟：用于在倾听和学习状态的时间，也反映了拓扑变化通知（Topology Change Notification）过程中的时间情况。

BPDU 分为两种类型，包含配置信息的 BPDU 包称为配置 BPDU（Configuration BPDU），当检测到网络拓扑结构变化时则要发送拓扑变化通知 BPDU（Topology Change Notification BPDU）。

对于配置 BPDU，超过 35 个字节以外的字节将被忽略掉；对于拓扑变化通知 BPDU，超过 4 个字节以外的字节将被忽略掉。

5.1.2　生成树形成过程

在一个交换网络环境中，如果物理上形成了冗余环路，而各个交换机又都在各自的连接端口启用了生成树协议，那么，逻辑上的生成树形成过程可以分解为以下几个步骤：

（1）决定根交换机

- 最开始所有的交换机都认为自己是根交换机。
- 交换机向所有已连接端口的物理网段发送配置 BPDU，其根 ID 与桥 ID 的值相同。
- 当交换机收到另一个交换机发来的配置 BPDU 后，若发现收到的配置 BPDU 中根 ID 字段的值大于该交换机中根 ID 字段的值，则丢弃该帧；否则更新该交换机的根 ID、根开销等参数的值，该交换机将以新值继续广播发送配置 BPDU。

这样在一段时间后，当一个交换网络的边缘交换机之间所交换的配置 BPDU 得到对方的处理之后，根交换机就被选择出来了。如图 5-2 所示，当 SW1 与 SW2 交换过配置 BPDU 后，SW2 向 SW4 发出的 BPDU 包中的根 ID 值将包含 SW1 的 MAC 地址。这样，经过两个周期左右的 BPDU 交换后，SW1 就被此交换网络中的所有交换机公认为根交换机（SW1 对应 MAC 为 XX-XX-XX-XX-XX-01 的交换机，SW2 ～ 4 以此类推）。

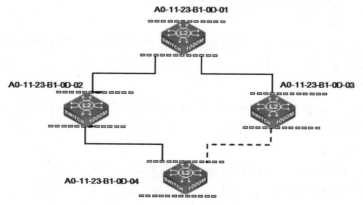

图 5-2　典型的交换冗余连接

（2）决定非根交换机的根端口

一个交换机将数据发送到根交换机所选择的出口称为根端口。

对于非根交换机而言，如果从不同的端口均可以接收到来自相同根交换机的 BPDU，则认为整个交换网络中存在环路，因此要在这些端口中选择出一个端口作为正式的转发端口，其他端口则不承担转发数据给根的任务。

选择端口的优先级高低的顺序依次为：根开销、上游交换机 ID、上游交换机发送端口 ID。

若有多个端口具有相同的最低根路径花费，则对应的上游交换机 ID 最小的端口将成为根端口。若有两个或多个端口具有相同的最低根路径花费和上游交换机 ID，则对应上游交换机中较低端口 ID 的本机端口为根端口。

在图 5-2 所示的环境中，如果 SW4 的左侧对应上游交换机端口为 1/1，右侧对应上游交换机的端口为 1/2，图中各条链路的带宽假定均为 100Mbit/s，则在不改变端口优先级配置的条件下，根据生成树协议定义，SW4 将选择它的 1/1 左侧端口为到达根交换机的根端口。

如果是如图 5-3 所示的连接，则对左侧和右侧交换机而言不论哪台设备成为根交换机，另外一台设备的根端口都将是端口 24。

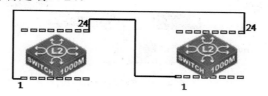

图 5-3　根端口的选择示意

（3）认定物理网段的指定交换机

首先，需要明确物理网段的含义，在生成树协议中，物理网段是指使用 HUB 和中继器连接的网段，其上存在着两个或多个交换机出口。

- 开始时，所有的交换机都认为自己是物理网段的指定交换机。
- 当交换机接收到具有更低根开销的（同一个物理网段中）其他交换机发来的 BPDU，该交换机就不再宣称自己是指定交换机。
- 如果一个物理网段有两个或多个交换机具有同样的根开销，具有最高优先级的交换机则先被确定为指定交换机。在一个物理网段中，只有指定交换机可以接收和转发帧，其他交换机的所有端口都被置为阻塞状态。
- 如果指定交换机在某个时刻收到了物理网段上其他交换机因竞争指定交换机而发来的配置 BPDU，该指定交换机将发送一个回应的配置 BPDU，以重新确定指定交换机。

在图 5-2 所示的环境中，在四条链路所在的物理网段中，与根交换机连接的两个段中，由于根交换机优先级最低，因此它也成为在此单个物理网段中的指定交换机；在 SW2、SW3 与 SW4 连接的两个物理网段中，则需要在它们之间选择指定交换机。可以很明显看到，由于 SW4 从 SW2 和 SW3 都可以收到具有比自己形成的根开销更小的配置 BPDU 包，因此，在 SW4 左侧的物理网段中，SW2 是指定交换机；在 SW4 右侧的物理网段中，SW3 是指定交换机。

（4）决定指定端口

物理网段的指定交换机与该物理网段相连的端口为指定端口。若指定交换机有两个或多个端口与该物理网段相连，那么具有最低标识的端口为指定端口。

除了根端口和指定端口外，其他端口都将置为阻塞状态。这样，在决定了根交换机、交换机的根端口，以及每个 LAN 的指定交换机和指定端口后，一个生成树的拓扑结构也就决定了。

在图 5-2 所示的环境中，SW2 和 SW3 由于分别在与 SW4 连接的物理网段中被选举为指定交换机，因此，它们与 SW4 连接的端口被决定成为指定端口。SW4 由于选择了左侧端口为根端口，在右侧物理网段中不是指定交换机，因此被置为阻塞状态。

根据上面 4 个步骤得出的生成树逻辑结构如图 5-4 所示。

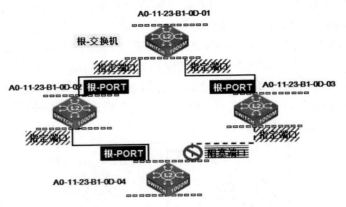

图 5-4　生成树逻辑结构图

5.1.3　生成树状态

运行生成树协议的交换机端口，总是处于下面四个状态中的一个。

- 阻塞：所有端口以阻塞状态启动，由生成树协议确定哪个端口切换为转发状态，处于阻塞状态的端口不转发数据帧但可以接受并处理 BPDU。
- 监听：不转发数据帧，但检测 BPDU（临时状态）。
- 学习：不转发数据帧，但学习 MAC 地址表（临时状态）。
- 转发：可以传送和接收数据帧。

在交换机的实际应用中，还可能会出现一种特殊的端口状态——禁用（Disable）状态。这是由于端口故障或交换机配置错误而导致数据发生冲突造成的死锁状态。如果不是端口故障的原因，则可以通过重启交换机来解决这一问题。

当网络的拓扑结构发生改变时，生成树协议将重新计算，生成新的生成树结构。在此期间，交换机不转发任何数据帧。当交换机的所有端口状态切换为转发或阻塞状态时，表明重新计算完毕。这一状态称为汇聚（Convergence），又叫收敛。

5.1.4　生成树的收敛

拓扑信息在网络上的传播有一个时间限制，这个时间信息包含在每个配置 BPDU 中，即为消息寿命。每个交换机存储来自物理网段指定端口的 BPDU 信息，并使用计时器监视协议信息存储的时间。在正常稳定状态下，根交换机定期发送配置 BPDU 以保证拓扑信息不超时。如果根交换机失效了，其他交换机中的协议信息就会超时，这将导致新的拓扑结构在网络中的传播。

当某个交换机检测到拓扑变化，它将从其根端口向指定交换机发送拓扑变化通知

BPDU，以拓扑变化通知定时器的时间间隔定期发送拓扑变化通知 BPDU，直到收到了指定交换机发来的确认拓扑变化信息（这个确认信号在配置 BPDU 中，即拓扑变化标志位置位），这时表明指定交换机开始重复以上过程，继续向它的指定交换机发送拓扑变化通知 BPDU。这样，拓扑变化的通知最终传到根交换机。

根交换机收到这样的通知后，它将发送一段时间的配置 BPDU，在配置 BPDU 中拓扑变化标志位被置位。所有的交换机将会收到一个或多个配置消息，并使用转发延迟参数的值来老化过滤数据库中的地址。所有的交换机将重新决定根交换机、交换机的根端口，以及每个物理网段的指定交换机和每台指定交换机的指定端口，这样生成树的拓扑结构也就重新决定了。

通常情况下，网桥正常从转发端口发送数据包，并从根端口接收来自根网桥的 BPDU 数据包，当发现拓扑改变，即启动了一次生成树的收敛过程。

网桥对拓扑改变的确切定义是：

① 当状态为转发的端口断开时，如 disable。

② 当网桥不独立时，即网桥的转发端口中有指定端口，并从这个端口收到了拓扑变化通知 BPDU 时。

一旦网桥检测到上述现象，它的生成树协议将被激活出一次收敛，生成树的收敛具体可分为两个步骤：

① 网桥以发送 BPDU 的方式通知生成树的根网桥。

② 根网桥播放事件到整个网络。

（1）通知根网桥

在正常生成树网络环境中，交换机在其根端口持续接收从根交换机发来的配置 BPDU，但从不发出 BPDU 去根网桥。但当交换机发现拓扑变化时，交换机将生成拓扑变化通知（TCN）BPDU，并在其根端口开始发送 TCNs。此交换机的上游指定交换机接收 TCNs，认为这是一个拓扑变化，在与交换机确认（TCA）的同时从其自己的根端口向它的指定网桥发送 TCNs。生成树中从变化交换机到根交换机的路径上的每个交换机重复这个动作，直到根交换机收到这个 TCNs。在图 5-5 所示的环境中，SW1 检测到某个处于转发状态的指定端口所在链路发生了拓扑变化，它将会启动一次收敛过程，首先会将拓扑变化通知（TCN）BPDU 从根端口发送给它的指定交换机 DSW1，DSW1 收到后，发确认消息（TCA）给 SW1 的同时将它的拓扑变化通知从根端口发送给它的指定交换机即根交换机。这时完成了拓扑变化通知到根交换机的过程，如图 5-5 所示。

TCN 是不包含配置信息的交换机每 hello time（2s）发出的非常简单的 BPDU。上游指定交换机将通过立刻发送回一个将普通的配置 BPDU 的 TCA 置位的回应消息来确认这个通知，同时将这个通知从自己的根端口继续向根交换机发送，不论其是否已经从根交换机得到新的配置 BPDU。值得注意的是，变化交换机在收到其指定交换机的确认消息之前将不会停止发送这种变化通知 BPDU。

（2）根网桥播放事件到整个网络

一旦根网桥知道有一个拓扑更改事件在网络中发生，它就会开始发出其配置 BPDU 并将其拓扑变化（TC）位置位。这些配置 BPDU 将由在网络中每个交换机广播出去。这样交换网络中的每一个交换机都将意识到拓扑变化并且将其端口状态的计时器和地址表中的条目过期时间更新为一个转发延迟。

TC 位将设置为 max_age+ forward_delay 秒钟，默认情况下是 20+15=35s。

这样，在由根交换机触发的新生成树拓扑的学习过程中，原有的交换机端口状态将进行调整，直到整个交换网络中所有端口的状态从临时状态达到稳定状态为止。

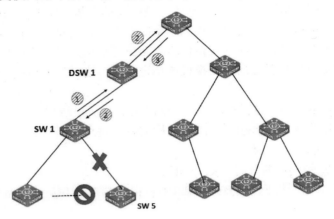

图 5-5   生成树的收敛过程示意

如图 5-5 所示，这里我们观察到，SW5 将不会从其上面的端口再次接收到 BPDU，而左侧端口虽然已经处于阻塞状态，但仍然可以接收 BPDU，当从阻塞端口接收到来自根交换机的拓扑变化 BPDU 之后，它将其原阻塞端口更新为转发状态（因为已经不会再从两个不同端口接收到同一个根发来的 BPDU），并将其 MAC 地址表的过期时间置为 35s。20s 之后，此端口开始将其学到的 MAC 地址信息进行标记，并最终写入到 MAC 地址表中，此时原转发端口在 MAC 地址表中的信息将被清除。再过 15s，此端口将正式转为转发状态，此时完成了端口状态的切换。

5.2   快速生成树

从上面的分析中，我们了解到，一次生成树协议的收敛过程中，从阻塞状态过渡到转发状态需要经历监听状态和学习状态，如果发生了拓扑改变，端口从不可用到可用需要有（20+15+15）s 一共 50s 的时间，这个时间对于现代局域网络用户来说是很慢的。

针对传统的 STP 收敛慢这一弱点，一些网络设备供应商开发了针对性的 STP 增强协议，而 IEEE 正是看到了这一广泛的需求，才致力于制定标准的 802.1w 协议，这一协议针对的是传统 802.1d 收敛慢而做的改进，它使得以太网的环路收敛得以在 1 ～ 10s 之中完成，所以 802.1w 又被称为快速 STP（RSTP，Rapid Spanning Tree Protocol）。从某种意义上说，802.1w 只是 802.1d 的改进和补充，而非一个创新的技术。

IEEE 802.1w 协议提供了交换机（网桥）、交换机端口（网桥端口）或整个 LAN 的快速故障恢复功能。通过将生成树 "hello" 作为本地链接保留的标志，RSTP 改变了拓扑结构的保留方式。这种做法使 802.1d 的 forward-delay 和 max-age 计时器成为冗余设计，目前主要用于备份，以保持协议的正常运营。

RSTP 引入了新的 BPDU 处理和新的拓扑结构变更机制。每个网桥每次 hello time 都会生成 BPDU，即使它不从根网桥接收时也是如此。BPDU 起着网桥间保留信息的作用。如果一个网桥未能从相邻网桥收到 BPDU，则它就会认为已与该网桥失去连接，从而实现更快速的故障检测和融合。

在 RSTP 中，拓扑结构变更只在非边缘端口转入转发状态时发生。例如端口转入阻塞状态，不会像 802.1d 一样引起拓扑结构变更，因为某些端口可能是边缘端口，它们连接的是终端机器，这些端口进入 disable 状态很可能只是由于终端关机引起的。802.1w 的拓扑结构变更通知（TCN）功能不同于 802.1d，它减少了数据的溢流。

在 802.1d 中，TCN 被单播至根网桥，然后组播至所有网桥。802.1d TCN 的接收使网桥将转发表中的所有内容快速失效，而无论网桥转发拓扑结构是否受到影响。相比之下，RSTP 则通过明确地告知网桥，除了经由 TCN 接收端口了解到的内容外的其他内容都将不会失效，优化了该流程。TCN 行为的这一改变极大地降低了拓扑结构变更过程中 MAC 地址的重学习时间。

5.2.1　端口作用

RSTP 在端口状态（转发或阻塞流量）和端口作用（是否在拓扑结构中发挥积极作用）间进行了明确的划分。除了从 802.1d 沿袭下来的根端口和指定端口定义外，对阻塞端口还定义了两种新的作用：

当阻塞状态的端口接收来的 BPDU 和其端口发送出去的 BPDU 比较时，如果其接收的 BPDU 的根开销比此端口发送的 BPDU 根开销更优时，端口根据接收 BPDU 的发送源不同而产生不同的端口作用，如图 5-6 所示。

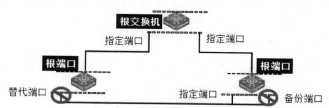

图 5-6　替代端口与备份端口

- 备份端口：当阻塞端口接收的更优的 BPDU 是由同一台交换机的另一个端口发出的时候，这个阻塞端口被指定为备份端口。它用于指定端口到生成树树叶的路径的备份，仅在到共享物理网段有 2 个或 2 个以上连接，或 2 个端口通过点到点链路连接为环路时存在。
- 替代端口：当阻塞端口接收的更优的 BPDU 是由另一台交换机的端口发出时，阻塞端口被认为是替代端口，它提供了对交换机当前根端口的替换选择。

简单地说，备份端口是对指定端口的备份；替代端口是对当前根端口的替代方案。这些 RSTP 中的新端口实现了在根端口故障时替代端口到转发端口的快速转换。

注意：这里的两种端口作用都是针对阻塞端口的。在一个网络中对不同对象时，阻塞端口的作用可以是本机根端口的替换端口，也可以是指定端口的备份端口，根据具体环境有所差异而已。

5.2.2 端口状态

端口的状态控制转发和学习过程的运行。

RSTP 定义了 3 种状态：放弃、学习和转发。根或指定端口在拓扑结构更改中发挥着积极作用；而替代或备份端口不主动参与拓扑结构维护。在稳定的网络中，根和指定端口处于转发状态，替代和备份端口则处于放弃状态。端口状态见表 5-1。

表 5-1　端口状态

STP 端口状态	RSTP 端口状态	端口处于活动状态	学习 MAC 地址
禁用	放弃	No	No
阻塞	放弃	No	No
倾听	放弃	Yes	No
学习	学习	Yes	Yes
转发	转发	Yes	Yes

5.2.3 新的 BPDU 格式

在 802.1d 中只定义了两个标志位分别为 TC 和 TCA（标志位所占的一个字节中的首位和尾位），在 RSTP 中使用了六位来执行如下内容，BPDU 中标志字段含义如图 5-7 所示。

- 为产生 BPDU 的端口的作用和状态进行编码。
- 处理请求或者回应的机制。

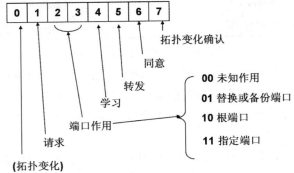

图 5-7　BPDU 中标志字段含义

另一个 802.1w 的格式改变在于其版本号更新为 2，这是为了使交换机之间尽快确认可信的设备。

5.2.4 新的 BPDU 处理方式

（1）每台交换机自主地将其 BPDU 每 2s 发送一次

BPDU 在每个交换机中都会每 2s 发送一次，而且这个 BPDU 不是根交换机生成的，而是由每个交换机自己生成的。即使已经有一段时间没有收到从根交换机发来的 BPDU，每个交换机仍然会每隔 2s 发送一次 BPDU 数据。

（2）更快的信息超时机制

如果三个 Hello time 之后还没有收到来自邻居交换机的 BPDU 数据，则可以将协议信息视为过期。因为在 802.1w 协议中，BPDU 数据已经成为一种保活信息，3 个周期没有收到相应信息，交换机就有理由认为已经失去了与原邻居交换机的连接。这有利于更快速地定位故障。

注意： 如果是物理链路故障，则不是根据 3 个 Hello time 来判断，而是即时监测。

（3）接受上游交换机的 BPDU

当一个交换机从它的上游或根交换机接收到一个 BPDU，它立即接受 BPDU 并替换已有的配置。稳定的生成树形态如图 5-8 所示，其中 D 是 C 的上游指定交换机，当 root 到 D 的链路断开之后，D 交换机会在它的更新 BPDU 中发送我是根的消息，当 C 从它的阻塞端口接收到这个信息之后，由于它清楚原来的根交换机还在网络中，因此马上启动阻塞端口成为转发状态，并向 D 发送携带根交换机信息的 BPDU，确保 D 可以及时更新生成树状态。

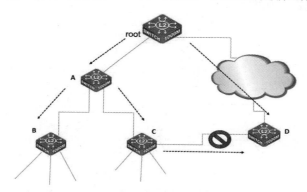

图 5-8　稳定的生成树形态

5.2.5　快速生成树的收敛过程

原来的 802.1d 协议算法在将端口转变为转发状态时只是被动等待网络上发来的信息，一个关系到收敛快慢的重点在于调节默认的转发延迟和生存时间值。快速生成树协议可以使接口在几乎没有延迟的情况下转变为转发状态。

快速生成树协议是通过以下两个新的参数实现以上快速切换的。

（1）边缘端口和连接类型

边缘端口是指那些只与终端连接而不连接任何交换机的端口。

当一个端口工作在全双工模式下时就被认为是点对点的连接类型，而半双工端口则被认为是共享式的网络连接类型。图 5-9 所示的环境中，分析使用 802.1d 和 802.1w 进行的收敛有何不同。

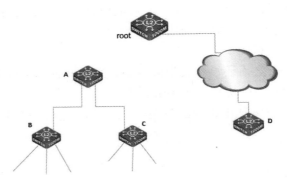

图 5-9　网络初始环境

初始情况如图 5-8 所示，这时在 root 和 A 之间增加一条连接，因为原来从 A 到 root 已经有一条链路存在，因此生成树协议运算使环路中的某个端口断开以破坏环路。

先看 802.1d 的收敛过程。

首先，当两台设备的接口被连接起来后，两台设备的接口都首先进入到倾听状态，这时 A 可以从上面的端口收到来自根交换机的直接消息，所以它马上将这个 BPDU 从它的指定端口发送出去，直达叶子交换机。一旦交换机 B 和 C 从 A 收到这个更好的消息，它们也会向它们的叶子交换机转发出去。这样，几秒钟过后，D 就可以从根接收到一个 BPDU 并立即阻止掉它的 1 端口，如图 5-10 所示。

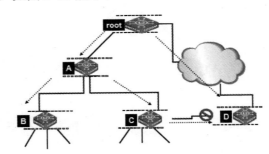

图 5-10　生成树的形成

生成树协议在计算新拓扑方面的确很有效，唯一的问题在于双倍的转发延迟破坏了从根到 A 之间原本马上就可以建立起来的连接。这意味着由于 802.1d 缺乏一种回馈机制而使得数据流量需要至少 30s 的延迟。

下面就来分析 802.1w 的收敛过程。

在相同的网络连接环境和相同的变化环境下，尝试分析 802.1w 是否可以以更快的速度生成与 802.1d 一样的全新的拓扑结构。

当 A 和根被连接起来时，它们都将各自对应此连接的端口切换为阻塞状态，这样做的主要目的在于切断网络中所有可能的环路。这看起来与 802.1d 并没有区别，但此时在 802.1w 中，A 和根交换机之间是有协商发生的。

一旦 A 接收到根交换机的 BPDU，它就把非边缘端口切换为阻塞状态，这个过程被称为"同步"。同时，A 明确地向根交换机发出将此接口切换为转发状态的验证请求。这时，A 和根之间的链路被阻断，两个交换机交换了 BPDU，如图 5-11 所示。

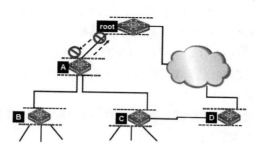

图 5-11　收敛过程的发起

其交换的 BPDU 标志位的置位情况如图 5-12 所示。

1	1	0	0	0	0	1	0	0

图 5-12　BPDU 标志位的置位情况

一旦 A 阻塞了它的非边缘指定端口，在 A 和根之间的链路就被设置为转发状态，环境转变如图 5-13 所示。

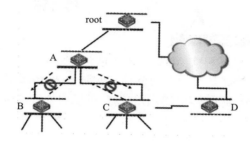

图 5-13　快速生成树收敛中间态

这样就仍然不会有环路产生，这次没有阻塞 A 上面的链路，而是将 A 下面的链路，潜在的环路在不同的位置被截断了。这种剪裁随着根产生的新的 BPDU 沿着 A 向下游传送。这样，A 的新阻塞端口与 A 在 B 和 C 上的邻居端口初始化一次同步操作即可完成向转发状态的快速切换。与根和 A 之间不同的是，B 只是拥有边缘指定端口，它在验证 A 交换机端口进入转发状态时不需要变为阻塞的端口。同样的，A 只需要将它与 D 连接的端口变为阻塞状态就可以完成对 A 对应端口的转发切换验证。这样，图 5-13 在经过这一回合的验证之后达到如图 5-14 所示的状态。

随着新的 BPDU 沿着树到达，D 中的 1 端口被阻塞。

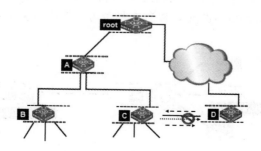

图 5-14　生成树收敛后的稳定状态

图 5-14 正是 802.1d 最后形成的拓扑图形。在快速生成树的收敛过程中，没有任何计时器加入，不同的是在交换机的新根端口上加入了确认机制，已开启上游交换机的对应端口成为转发状态，这样就避免了两倍的转发延迟的等待时间。这个过程有两点需要注意：

- 这样的协商过程只存在于点对点连接的交换机之间（全双工工作模式的端口或者明确指明为点对点配置）。
- 边缘端口的设置也是很重要的。如果没有设置必要的边缘端口，则整个交换环境的连通性将会受到很大影响。

（2）请求 / 确认序列

在图 5-15 中，我们分析当 RSTP 中的某端口需要成为指定转发端口时，所经历的请求及确认过程。

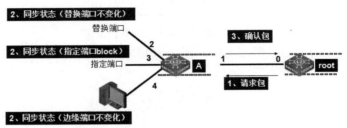

图 5-15　快速生成树的请求及确认过程

假设 A 与 root 之间的链路是新加入的链路，此时 A 和 root 交换机都将端口设置为放弃或学习状态，并且只有在放弃或学习状态下的端口可以向外发送位置位的请求 BPDU，由于 A 可以由此得知这个 root 信息是更优的，因此 A 将其余接口置于同步状态确保整个交换机与这个新的信息同步。

当一个接口处于阻塞状态或者它就是一个边缘端口时，此接口即处于同步状态。

为了说明同步机制在不同类型的接口所产生的效果，假设这里存在一个替换接口，一个指定转发接口和一个边缘接口。注意，替换接口和边缘接口已经符合了同步的条件。为了达到交换机的同步，指定转发端口 3 被阻塞掉了被设定为放弃状态。这样一来，A 就可以将它的新根端口设置为非阻断状态了，并且同时发送一个确认消息给根交换机，这个确认是对请求 BPDU 的一份复制，只是确认位置 1，而不是请求位置 1。这样根交换机的端口 0 也因为得到了明确的确认而可以立即转换为转发状态。

这里需要注意的是，当 A 向根发送了确认 BPDU 之后，它的端口 3 也到达了和之前根交换机的端口 0 一样的状态，因此在端口 0 因收到 A 的确认而转换为转发状态的同时，端口 3 也在向它的对端交换机发送它的请求 BPDU，以确定是否可以将端口 3 切换为转发状态，如图 5-16 所示。

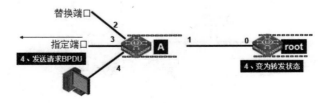

图 5-16　快速生成树的握手回馈机制

注意：这里的请求回馈机制非常快速，因为它没有任何计时器的延迟，这种握手将很快传递到边缘网络，并且在拓扑变化后快速地恢复网络的连通性。

如果一个指定放弃端口发送了请求之后不能很快接收到确认 BPDU，它将重新采用传统的 802.1d 方式使用倾听＋学习的延迟序列进行缓慢的转换，这种情况多发生在对端交换机不能理解 RSTP 的协议数据单元，或者是对端交换机的端口处于阻塞状态。

（3）拓扑变化检测

在 RSTP 中，只有非边缘端口切换到转发状态会引起拓扑变化，与 802.1d 对比，这里连接丢失并不再被认为是拓扑变化（在 802.1d 中端口被置为阻塞状态不认为是拓扑变化）。

当 RSTP 交换机检测到一个拓扑变化之后，将会作如下的动作：

- 交换机会向所有非边缘指定端口和必要的根端口发送 TC BPDU，时间间隔为 2 倍的 Hello 时间。
- 交换机刷新与这些非边缘端口相关的所有 MAC 地址表内容。

（4）拓扑变化传递

当交换机接收到来自某个邻居的 TC 位置位的 BPDU 之后，它将会做如下动作：

- 它将除接收拓扑变化的端口之外的所有端口的 MAC 地址表清空。
- 它在计时器到期时向所有的指定端口和根端口发送 TC BPDU（除非一个传统生成树交换机需要，否则快速生成树将不再发送明确的 TCN BPDU）。

如图 5-17 所示环境中，假设交换机的序号代表了其 ID 的高低，很容易判断，SW1 将成为根交换机，它的两个端口将成为指定端口并处于转发状态。

SW2 和 SW3 的端口 1 因为直接从根得到 BPDU，根开销最小而成为根端口，处于转发状态。而 SW3 的端口 2 因为不是根端口，而且在与 SW2 连接的链路中桥 ID 比较高，从而成为阻塞端口；相应的 SW2 的端口 4 就成为指定端口，处于转发状态。

根据上面的知识可以获知在整个环境中稳定后的生成树形态，如图 5-17 所示。

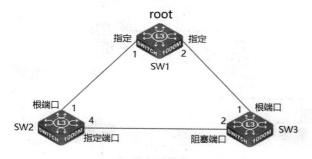

图 5-17　稳定后的生成树形态

当其中某条转发链路断开的时候，根据快速生成树的规定，交换网络的生成树形态就有可能会发生很大的改变，其改变的原则如上面所描述的一样。在如图 5-18 的环境中，假定从 SW2 到 SW5 的链路突然中断，那么各个交换机的操作会如何呢？

首先分析各个交换机的端口状态，以及替换端口和备份端口的分布。

对于根交换机 SW1，其上所有端口均为指定转发端口，由于没有两个端口同时接入同一个物理网络段，所以对指定端口1和2没有替换端口存在。

对交换机 SW2，其上端口1为根端口，如果根端口失效，则根据根开销值的判断端口4是否将接替端口1成为根，因此端口4为备份端口；由于没有两个端口同时接入同一个物理网络段，所以对指定端口2、3和4没有替换端口存在。

对交换机 SW3，其上端口1为根端口，如果根失效，根据根开销值的判断端口2是否将接替端口1成为根，因此端口2为备份端口；端口3作为指定端口没有替换端口存在。

SW4，只有一个端口连接到网络中，因此没有备份和替换端口。

SW5，端口2为端口1的备份端口，没有替换端口。

SW6，端口2为端口1的备份端口，没有替换端口。

SW7，端口2为端口1的备份端口，没有替换端口。

交换机端口状态及分布见表5-2。

表5-2　交换机端口状态及分布

交 换 机	根 端 口	指 定 端 口	阻 塞 端 口	根的备份端口
SW1		1、2		
SW2	1	2、3、4		
SW3	1	3	2	2
SW4	1			
SW5	1	2		
SW6	1	3	2	2
SW7	1		2	2

如图5-18所示为 RSTP 的收敛过程。

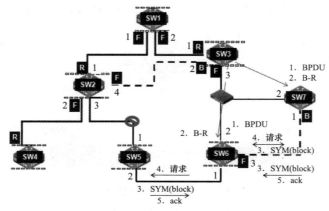

图5-18　RSTP 的收敛过程

需要注意的是：

- RSTP 并不会将端口的失效作为拓扑更改事件启动收敛过程。

● 如果交换机从原来的根端口 3 个 Hello 时间没有收到 BPDU，则认为需要将替换接口转换为根端口了。
● 交换机确认对端交换机端口的转发状态的依据是其 BPDU 中携带的根开销，如果认为对端接口的根开销更小，则确认，否则不予回应。
● 整个确认的过程不需要计时器的启动，因此几乎没有延迟。

可见，RSTP 相对于 STP 的确改进了很多。为了支持这些改进，BPDU 的格式做了一些修改，但 RSTP 仍然向下兼容 STP，可以混合组网。虽然如此，RSTP 和 STP 一样同属于单生成树 SST（Single Spanning Tree），有它自身的缺陷，主要表现在 3 个方面。

① 由于整个交换网络只有一棵生成树，在网络规模比较大的时候会导致较长的收敛时间，拓扑改变的影响面也较大。

② 近些年 IEEE 802.1q 大行其道，逐渐成为交换机的标准协议。在网络结构对称的情况下，单生成树没什么大碍。但是，在网络结构不对称的时候，单生成树就会影响网络的连通性，如图 5-19 所示。

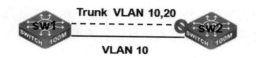

图 5-19　影响不对称网络中网络的连通性

③ 当链路被阻塞后将不承载任何流量，造成了带宽的极大浪费，这在环型城域网的情况下比较明显，如图 5-20 所示。

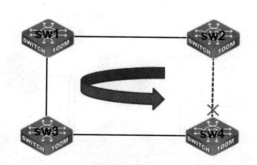

5-1　RSTP 与 MSTP

图 5-20　环形网络中带宽的浪费

第6章 链路聚合技术

　　链路聚合，又称端口聚合、端口捆绑，英文名称 port trunking。功能是将交换机的多个低带宽端口捆绑成一条高带宽链路，这个高带宽链路通常被称为 Link Aggregation Group（LAG），它通常可以提供物理链路的负载平衡。制订于 1999 年的 802.3ad 标准定义了如何将两个以上的千兆以太网连接组合成高带宽网络连接实现负载共享、负载平衡以及提供更好的弹性。

　　链路聚合技术可以在不改变现有网络设备以及原有布线的条件下，将交换机的多个低带宽交换端口捆绑成一条高带宽链路，通过几个端口进行链路负载平衡，避免链路出现拥塞现象。打个比方来说，链路聚合就如同超市设置多个收银台以防止收银台过少而出现消费者排队等候过长的现象。通过配置，将 2 个、3 个或 4 个端口进行捆绑，分别负责特定端口的数据转发，防止单条链路转发速率过低而出现丢包的现象。

6.1　链路聚合概述

6-1　链路聚合

（1）端口聚合的典型应用（见图 6-1）

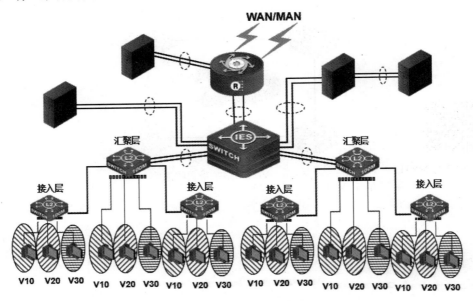

图 6-1　端口聚合的典型应用

　　1）交换机之间的连接。图 6-1 中两台工作组级交换机之间的连接采用了两个 100Mbit/s 的端口捆绑成 200Mbit/s，网络带宽得到了增加，网络连接的可靠性得到了加强，一旦出现某条物理连接故障，网络不会中断，只是网络的带宽变小了，但却可以保证该网络上的通信保持下去。图中的交换机是 24 端口的 100Mbit/s 以太网交换机，没有上行高速端口，通过端口聚合，无须硬件升级，就可以扩展网络带宽。

2）交换机到高速服务器或路由器的连接。图 6-1 中，服务器 A 采用了 4 条 100Mbit/s 的链路连接到交换机。许多大型服务器具备多个 100Mbit/s 的网卡，当服务器的访问量增大时，可考虑将多个网卡捆绑成具有更高带宽的接口，满足带宽不断增长的需求。当今，也有一些网卡供应商可以提供将多个 100Mbit/s 以太网集中在一块网卡上的产品，其驱动程序可以配置成多个网口的捆绑模式或者单个网口的工作方式，非常适合高速服务器的应用场合。

3）高速服务器（或高速路由器）之间的连接。高速终端设备比如服务器、路由器之间的连接也可以应用端口聚合。图 6-1 中给出了两台服务器通过 4 条 100Mbit/s 的端口进行连接的实例。这种高速的连接对于多处理器的服务器系统是非常适用的。

聚合的主要功能就是将多个物理端口（一般为 2 ～ 8 个）绑定为一个逻辑的通道，使其工作起来就像一个通道一样。将多个物理链路捆绑在一起后，不但提升了整个网络的带宽，而且数据还可以同时经由被绑定的多个物理链路传输，具有链路冗余的作用，在网络出现故障或其他原因断开其中一条或多条链路时，剩下的链路还可以工作。

（2）链路聚合的优点
- 价格便宜，性能接近千兆以太网。
- 不需要重新布线，也无须考虑千兆网传输距离极限问题。
- 链路聚合可以捆绑任何相关的端口，也可以随时取消设置，这样提供了较高的灵活性。
- 链路聚合可以提供负载均衡能力以及系统容错。由于链路聚合实时平衡各个交换机端口和服务器接口的流量，一旦某个端口出现故障，它会自动把故障端口从链路聚合组中撤销，进而重新分配各个链路聚合端口的流量，实现系统容错。

（3）实现条件
并非所有的端口都可以被聚合在一起，在实现链路聚合的过程中需要考虑在链路聚合的一端交换机上的几个端口满足如下条件：

1）几个端口必须处于相同的 VLAN 之中。
2）端口必须使用相同的网络介质。
3）几个端口必须都处于全双工工作模式。
4）几个端口必须是相同传输速率的端口。

在实际运用中，并非捆绑的链路越多越好。首先，应考虑到捆绑的数目越多，其消耗掉的交换机端口和网卡数目就越多，这笔费用不得不考虑；其次，捆绑过多的链路容易给服务器带来难以承担的重荷，以至崩溃。所以，大多应用采用 4 条捆绑链路的方案，其提供的全双工 800Mbit/s 的速率已接近千兆网的性能，而且相应的端口消耗和服务器端负担还足以承受。

（4）使用算法
由于链路聚合能够在各条链路之间进行负载均衡，所以它采用的算法将决定均衡的效果。有三种被广泛使用的算法：

1）循环检测算法：采用轮询的方法把流量均匀发布给各个端口，但其不足之处是在接收端可能出现少量数据帧时序的混乱。

2）自适应算法：最大可能把流量均匀分配给各个端口，其计算量相对来说较大。

3）静态算法：能保证每个数据帧正确到达指定的端口，但缺乏灵活性而且速度相对来说较慢。

在考虑链路聚合带来的性能表现时，不得不考虑数据传输时是否工作于对称模式，这取决于软件、网卡、交换机的协同工作能力。

在对称模式下，数据传输采用全双工模式，每条链路既可接收也可发送数据；而工作于非对称模式下时，多条链路发送数据，而只有一条链路接收数据，这样一个服务器就有可能以400Mbit/s的速率发送数据而接收的速率只有100Mbit/s。

要达到对称工作模式从而实现全双工数据传输，仅购买支持对称链路聚合的软件和网卡还远远不够，还需要交换机对链路聚合的支持。

6.2　链路聚合的实现

（1）链路聚合的标准

目前链路聚合技术的正式标准为IEEE 802.3ad，由IEEE 802委员会制定。标准中定义了链路聚合技术的目标、聚合子层内各模块的功能和操作的原则以及链路聚合控制的内容等。

其中，聚合技术应实现的目标定义为必须能提高链路可用性、线性增加带宽、分担负载、实现自动配置、快速收敛、保证传输质量、对上层用户透明、向下兼容等。

（2）链路聚合控制协议

链路聚合控制协议（LACP, Link Aggregation Control Protocol）是IEEE 802.3ad标准的主要内容之一，定义了一种标准的聚合控制方式。聚合的双方设备通过协议交互聚合信息，根据双方的参数和状态，自动将匹配的链路聚合在一起收发数据。聚合形成后，交换设备维护聚合链路状态，当双方配置变化时，自动调整或解散聚合链路。

LACP报文中，聚合信息包括本设备的配置参数和聚合状态等，报文发送方式分为事件触发和周期发送。当聚合状态或配置变化事件发生时，本系统通过发送协议报文通知对端自身的变化。聚合链路稳定工作时，系统定时交换当前状态以维护链路。协议报文不携带序列号，因此双方不检测和重发丢失的协议报文。

需要指出的是，LACP并不等于链路聚合技术，而是IEEE 802.3ad提供的一种链路聚合控制方式，具体实现中也可采用其他的聚合控制方式。

（3）支持非连续端口聚合

与传统的聚合实现方式不同，目前的交换设备不要求同一聚合组的成员必须是设备上一组连续编号的端口。只要满足一定的聚合条件，任意数据端口都能聚合到一起。用户可以根据当前交换系统上可用端口的情况灵活地构建聚合链路。

6.3　聚合类型

目前有三种类型的聚合方式：手工聚合、静态聚合和动态聚合。

手工和静态聚合组通过用户命令创建或删除，组内成员也由用户指定。创建后，系统不能自动删除聚合组或改变聚合成员，但需要计算和选择组内成员的工作状态。聚合成员是否成为工作链路取决于其配置参数，并非所有成员都能参加数据转发。

手工和静态聚合主要是聚合控制方式不同。手工聚合链路上不启用 LACP，不与对端系统交换配置信息，因此聚合控制只根据本系统的配置决定工作链路。这种聚合控制方式在较早的交换设备上比较多见。静态聚合组则不同，虽然聚合成员由用户指定，但交换机自动在静态链路上启动 LACP。如果对端系统也启用了 LACP，则双方设备就能交换聚合信息供聚合控制模块使用。

动态聚合控制完全遵循 LACP，实现了 IEEE 802.3ad 标准中聚合链路自动配置的目标。用户只需为端口选择动态方式，系统就能自动将参数匹配的端口聚合到一起，设定其工作状态。动态聚合方式下，系统互相发送 LACP 报文，交换状态信息以维护聚合。如果参数或状态发生变化，则链路会自动脱离原聚合组加入另一适合的组。

上述三种聚合方式为链路聚合系统提供了良好的聚合兼容性。系统不仅能与不支持链路聚合的设备互联，还能与各种不同聚合实现的设备配合使用。用户能根据实际网络环境灵活地选择聚合类型，获得高性能、高可用的链路。

6.4　Port Group

Port Group 是配置层面上的一个物理端口组，配置到 Port Group 里面的物理端口才可以参加链路汇聚，并成为 Port Channel 里的某个成员端口。在逻辑上，Port Group 并不是一个端口，而是一个端口序列。加入 Port Group 中的物理端口满足某种条件时进行端口汇聚，形成一个 Port Channel，只有这个 Port Channel 具备了逻辑端口的属性，才真正成为一个独立的逻辑端口。端口汇聚是一种逻辑上的抽象过程，将一组具备相同属性的端口序列，抽象成一个逻辑端口。Port Channel 是一组物理端口的集合体，在逻辑上被当作一个物理端口。对用户来讲，完全可以将这个 Port Channel 当作一个端口使用，因此不仅能增加网络的带宽，还能提供链路的备份功能。端口汇聚功能通常在交换机连接路由器、主机或者其他交换机时使用。

图 6-2 中显示交换机 S1 的端口 1 ～ 4 汇聚成一个 Port Channel，该 Port Channel 的带宽为 4 个端口带宽的总和。而 S1 如果有流量要经过 Port Channel 传输到 S2，S1 的 Port Channel 将根据流量的源 MAC 地址及目的 MAC 地址的最低位进行流量分配运算，根据运算结果决定由 Port Channel 中的某一成员端口承担该流量。当 Port Channel 中的一个端口连接失败，原应该由该端口承担的流量将再次通过流量分配算法分配给其他连接正常的端口。流量分配算法由交换机的硬件决定。

图 6-2　端口聚合示意

神州数码交换机提供了两种配置端口汇聚的方法：手工生成 Port Channel、LACP（Link Aggregation Control Protocol）动态生成 Port Channel。只有双工模式为全双工模式的端口才能进行端口汇聚。

为使 Port Channel 正常工作，本交换机 Port Channel 的成员端口必须具备以下相同的属性：

- 端口均为全双工模式。
- 端口速率相同。
- 端口的类型必须一样，如同为以太网口或同为光纤口。
- 端口同为 Access 端口并且属于同一个 VLAN 或同为 Trunk 端口。
- 如果端口为 Trunk 端口，则其 Allowed VLAN 和 Native VLAN 属性也应该相同。

当交换机通过手工方式配置 Port Channel 或 LACP 方式动态生成 Port Channel 时，系统将自动选出 Port Channel 中端口号最小的端口作为 Port Channel 的主端口（Master Port）。若交换机打开 Spanning-tree 功能，Spanning-tree 视 Port Channel 为一个逻辑端口，并且由主端口发送 BPDU 帧。

另外，端口汇聚功能的实现与交换机所使用的硬件有密切关系，神州数码交换机支持任意两个交换机物理端口的汇聚，最大组数为 6 个，组内最多的端口数为 8 个。汇聚端口一旦汇聚成功就可以把它当成一个普通的端口使用，在交换机中还建立了汇聚接口配置模式，与 VLAN 和物理接口配置模式一样，用户能在汇聚接口配置模式下对汇聚端口进行相关的配置。

第7章 端口安全

当一个网络中某台主机由于误操作而中毒进而引发大量的广播数据包在网络中泛洪时，任何网络管理员的唯一想法就是尽快找到根源主机并把它从网络中暂时隔离开。

如果网络的布置很随意，任何用户只要插上网线，在任何位置都能够上网，这虽然使正常情况下的大多数用户很满意。可是一旦发生网络故障，网管人员却很难快速准确定位根源主机，就更谈不上将它隔离了。

端口与地址绑定技术使主机必须与某一端口进行绑定，也就是说，特定主机只有在某个特定端口下发出数据帧，才能被交换机接收并传输到网络上，如果这台主机移动到其他位置，则无法实现正常的联网。

7.1 MAC 地址绑定

7-1　二层安全技术

假设某台主机中毒后开始向网络发送大量的广播，这时，只要使用必要的简单命令就能够知道这些广播的源 IP 和源 MAC，网管根据 MAC 与端口的绑定文档即可查出是哪个端口连接着这个用户，网管只需在对应的设备中将这个端口暂时关闭即可悠闲地解决这台机器的问题了。

如图 7-1 所示，交换机有 1、2、3、…、N 个端口，网络管理员静态地把这些端口将要连接的设备设置进到交换机里，1、2、3、…、N 设备就能且只能连接到相应的端口。

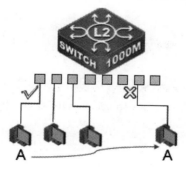

图 7-1　端口与 MAC 地址绑定

端口与 MAC 地址绑定的实现可以由管理员静态指定，也可以使用命令由交换机自行转换（即动态实现）。另外很多交换机可以实现对 MAC 地址与 IP 地址进行绑定后在端口中应用，这样就可以更灵活地实现对非法用户访问网络的限制了。

需要注意的是，这种端口绑定技术只能限制被绑定的某一个或几个 MAC 地址，当其他MAC 地址从这个端口联网时，是被允许的，只是被限制的 MAC 地址移动到其他端口不允许上网。基于这种实现方式，如果某网络需要限制所有 MAC 地址不能随意上网，则需要对所有 MAC 地址和所在端口进行绑定。

启动端口绑定功能

```
switch（Config-If-Ethernet0/0/1）#switchport port-security
switch（Config-If-Ethernet0/0/1）#
```

配置绑定的 MAC 地址

```
switch（Config-If-Ethernet0/0/1）#switchport port-security mac-address 00-0B-CD-4A-2B-5A
switch（Config-If-Ethernet0/0/1）#
```

7.2 访问管理 AM

AM（Access Management）又名访问管理，它利用收到数据报文的信息（源 IP 地址或者源 IP+ 源 MAC）与配置硬件地址池相比较，如果找到则转发，否则丢弃。

AM pool 是一个地址列表，每一个地址表项对应于一个用户。每一个地址表项包括了地址信息及其对应的端口。地址信息可以有两种：

● IP 地址（ip-pool），指定该端口上用户的源 IP 地址信息。

● MAC-IP 地址（mac-ip pool），指定该端口上用户的源 MAC 地址和源 IP 地址信息。

AM 的默认动作是拒绝通过（deny）。当 AM 功能开启之后，AM 模块会拒绝所有的 IP 报文通过（只允许 IP 地址池内的成员源地址通过），AM 禁止的时候，AM 会删除所有的地址池。

全局启动 AM 功能

```
switch（config）#am enable
switch（config）#
```

接口启动 AM 功能

```
switch（config）#int e 0/0/1
switch（Config-If-Ethernet0/0/1）#am  port
```

配置 AM 允许列表

```
switch（Config-If-Ethernet0/0/1）#am  ip-pool 192.168.1.1 20
switch（Config-If-Ethernet0/0/1）#am  mac-ip-pool 00-0B-CD-4A-2B-5A 192.168.1.254
switch（Config-If-Ethernet0/0/1）#
```

第3部分

路由技术与设备

第8章　路 由 基 础

8.1　路由概述

8.1.1　什么是路由

    Routing 是一种动作，在计算机网络中，一个逻辑网段到另一个逻辑网段的数据需要经过路由才可以到达。

    "路由"是指把数据从一个地方传送到另一个地方的行为和动作。而路由器，正是执行这种行为动作的机器，它的英文名称为 Router，即选择路径的人。

    在 TCP/IP 网络中，当子网中的一台主机发送 IP 数据包给同一子网的另一台主机时，它将直接把 IP 数据包送到网络上，对方就能收到。而要送给不同子网上的主机时，它要选择一个能到达目的子网的路由器，把 IP 数据包送给该路由器，由路由器负责把 IP 数据包送到目的地。如果没有找到这样的路由器，主机就把 IP 数据包送给一个称为"默认网关（default gateway）"的路由器上。"默认网关"是每台主机上的一个配置参数，它是接在同一个网络上的某个路由器端口的 IP 地址。

    值得注意的是：为路由器添加默认路由和主机的默认网关是不同的概念。通常在设备上可以添加 8 个 0 的路由，从而能够为到达设备的所有数据寻址发送，在这种情况下，没有在路由表中寻找到明确匹配项的数据将遵从这 8 个 0 的路由发送出去。在某些设备中（如二层交换机），可以使用 "default-gateway" 来为设备添加默认网关，这种做法多见于没有开启 ip routing 的设备如主机和二层交换机。在路由器中如果开启了 ip routing，则可以使用 8 个 0 来设置默认路由。

    路由器转发 IP 数据包时，只根据目的 IP 地址的网络号部分，选择合适的端口，把 IP 数据包送出去。同主机一样，路由器也要判定端口所接的是否是目的子网，如果是，就直接把数据通过端口送到网络上，否则，也要选择下一个路由器来传送数据。路由器也有它的默认路由 / 默认网关，用来传送不知道往哪儿送的 IP 数据包。这样，路由器把知道如何传送的 IP 数据包正确转发出去，不知道如何传送的 IP 数据包发给默认路由器，这样一级一级地传送，IP 数据包最终到达目的地，送不到目的地的 IP 数据包则被网络丢弃。注意：ICMP 可以协助数据发送端得知这一情况。

    路由器中的路由表就是它进行选路的依据所在。

8.1.2　路由的两个基本阶段

    将数据从一个网络转发给另一个网络需要经过两个阶段的转换，它们是路由和交换。

其中"路由"这个过程是三层的内容，而"交换"过程是二层的内容。

（1）路由过程的主要工作（见图 8-1）

1）去掉收到帧头，得到一个 IP 数据包。

2）读取其目的 IP 地址。

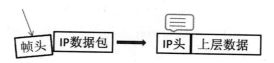

图 8-1 路由的过程

（2）交换过程的主要工作（见图 8-2）

1）查询路由表信息、与之前得到的目的 IP 地址比较，得到下一跳端口或下一跳站点地址。

2）重新进行二层的帧头封装。

3）转发。

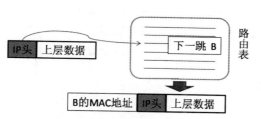

图 8-2 交换的过程（路由重新打包过程）

8.1.3 路由的分类

（1）根据路由表生成的方式来划分（可分为两种）

1）静态路由。由系统管理员事先设置好固定的路由表称之为静态（static）路由表，一般是在系统安装时就根据网络的配置情况预先设定的，它不会随网络结构的改变而改变。优点是几乎不消耗路由器的资源。缺点是不随着网络拓扑结构的改变而改变。

2）动态路由。动态路由是网络中的路由器之间相互通信，传递路由信息，利用收到的路由信息来更新路由器表的过程。它能实时地适应网络结构的变化。如果路由更新报文表明网络发生了变化，则路由协议就会重新计算路由，并发出新的路由更新报文。这些报文通过各个网络，引起各路由器重新启动其路由算法，并更新各自的路由表以动态地反映网络拓扑变化。动态路由适用于网络规模大、网络拓扑复杂的网络。当然，各种动态路由协议会不同程度地占用网络带宽和 CPU 资源，如果网络规划不当，一些低端路由器根本无法承受大量的动态路由更新的信息。常见的动态路由协议有 RIP、OSPF、BGP 等。

动态（Dynamic）路由表是路由器根据网络系统的运行情况而自动调整的路由表。路由器根据路由协议（Routing Protocol）提供的功能，自动学习和记忆网络运行情况，在需要时自动计算数据传输的最佳路径。

（2）内部网关协议和外部网关协议

1）自治系统。自治系统（AS，Autonomy System）指一个具有统一管理机构、统一路由策略的网络。自治域内部采用的路由选择协议称为内部网关协议，常用的有 RIP、OSPF

等；外部网关协议主要用于多个自治域之间的路由选择，常用的是 BGP。

通常自治系统由一个组织机构内部的路由网络组成。

2）内部网关协议。内部网关协议（IGP）是一种专用于自治网络系统（比如：某个当地社区范围内的一个自治网络系统）中网关间交换数据流转通道信息的协议。网络 IP 或者其他的网络协议常常通过这些通道信息来判断怎样传送数据流。最常用的两种内部网关协议分别是：路由信息协议（RIP）和最短路径优先路由协议，IGP 有 RIP、OSPF、IGRP、EIGRP、IS-IS 等协议（OSPF）。

3）外部网关协议。外部网关协议（EGP，Exterior Gateway Protocol）是一种在自治系统的相邻两个网关主机间交换路由信息的协议。EGP 通常用于在互联网主机间交换路由表信息。它是一个轮询协议，利用消息的转换，让每个网关控制和接收网络可达性信息的速率，允许每个系统控制自己的开销，同时发出命令请求更新响应。路由表包含一组已知路由器及这些路由器的可达地址和路径开销。

BGP 是目前环境中应用最广泛的外部网关协议。

8.2　路由查询

8.2.1　什么是路由表

路由的两个过程中，更加关键的是路由表查询过程，它为数据包的转发指明了方向，它是路由器赖以工作的前提。

路由器的主要工作就是为经过路由器的每个数据包寻找一条最佳传输路径，并将该数据有效地传送到目的站点。由此可见，选择最佳路径的策略即路由算法是路由器的关键所在。为了完成这项工作，在路由器中保存着各种传输路径的相关数据——路由表（Routing Table），供路由选择时使用。

路由表就像我们平时使用的地图一样，标识着各种路线，路由表中保存着子网的标志信息、网上路由器的个数和下一个路由器的名字等内容。路由表可以由系统管理员固定设置（静态路由），也可以由系统动态修改（直连路由），可以由路由器自动调整（路由协议），也可以由主机控制。

整个路由表，分成两个部分：

（1）Codes 部分

作为对路由表中条目类型的说明，描述了各种路由表条目类型的缩写，其中：

C　　　　表示连接路由，路由器的某个接口设置或连接了某个网段之后，就会自动生成。

S　　　　静态路由，系统管理员通过手工设置之后生成。

R　　　　RIP 协商生成的路由。

B　　　　BGP 协商生成的路由。

BC　　　BGP 的连接路由。

D　　　　BEIGRP 生成的路由，兼容 CISCO 的 EIGRP。

DEX　　BEIGRP 的外部路由。

DHCP　当路由器的某个端口设置为由 DHCP 分配地址时，系统在收到"默认网关"属
　　　　性之后自动生成路由，实际上是一条默认路由。

对于 OSPF 生成的路由，又有如下的路由表项：

OIA　　OSPF 的区域之间路由。

ON1　　OSPF NSSA 路由（类型 1）。

ON2　　OSPF NSSA 路由（类型 2）。

OE1　　OSPF 外部注入路由（类型 1）。

OE2　　OSPF 外部注入路由（类型 2）。

以上这些 Codec 信息对于路由表的工作不产生任何影响，但对于管理维护人员的阅读
却提供了便利。

（2）路由表的实体

对实体中的每一行，我们都可以发现从左到右有如下几个内容：路由的类型（Codec 表
示）、目的网段（网络地址）、优先级（由 [AD（Administrative Distance），度量值（Metric）]
组成）、下一跳 IP 地址（next-hops）等。

- 目标网段：就是网络号，它描述了一类 IP 包（目的地址）的集合。
- 优先级描述：由管理距离 AD 和度量值 Metric 组成，通常值越小，优先级越高，更
  可信（其中管理距离 AD 表明了路由学习方法的优先级；度量值则表示不同的下一
  跳代表的路径的优先级）。
- 下一跳网关：被匹配的数据包从哪个端口被转发，有本地端口名字和下一跳 IP 可选。

注意：出端口的二层协议将决定数据包的二次封装类型。

路由器在查询时，就是通过对数据包的目的 IP 地址比较表中的目的网段，如果可以匹配，
则得出一个下一跳（next-hops）作为出口，以便进行转发；如果有多个条目可以匹配，则根
据优先级信息比较并选出一个最优的条目。

如图 8-3 所示的列表中第一行内容：S 代表这是一条由管理员手工添加的静态路由；
0.0.0.0/0 代表所有目的网络，表明去往所有网络的数据包都按照后面的方式发送给下一跳
222.66.38.211。

```
Codes: C - connected, S - static, R - RIP, B - BGP, BC - BGP connected
       D - BEIGRP, DEX - external BEIGRP, O - OSPF, OIA - OSPF inter area
       ON1 - OSPF NSSA external type 1, ON2 - OSPF NSSA external type 2
       OE1 - OSPF external type 1, OE2 - OSPF external type 2
       DHCP - DHCP type

VRF ID: 0

S      0.0.0.0/0              [1,0] via 222.66.38.211(on FastEthernet0/0)
C      192.168.0.0/16         is directly connected, FastEthernet0/2
C      222.66.38.208/28       is directly connected, FastEthernet0/0
```

图 8-3　路由表实体

8.2.2 如何查询匹配路由表

路由器查询路由表不仅是找到一个下一跳，更重要的是选出一个最优的下一跳。下面来看一下它是如何选择的。

（1）掩码最长匹配

路由器收到一个数据包，在查询路由表时，首先查询目标网段，如果有多个条目同时匹配时，则掩码长者优先。如果路由器收到一个目的地址为 10.10.10.5 的数据包，那么它将被转发到哪个端口？

如果两个路由项分别是 10.10.0.0/16 和 10.10.10.0/24，都可以匹配上述目的地址。

但因为第一跳的掩码长度为 16，而第二跳的掩码长度为 24，所以后者更加优先。所以目的地址为 10.10.10.5 的数据包在转发时，下一跳地址为 VLAN1 接口，而不是 VLAN2 接口。可以看出，路由表优先级与其在表中的位置无关。

注意：默认路由（其目的网段为 0.0.0.0/0）是一种特殊的静态路由，虽然 0.0.0.0 是一个可以匹配任何 IP 的网段，但掩码长度为 0，决定了它的优先级永远比别的路由要低。

（2）管理距离

管理距离，是指一种路由协议的可信度，也可以说是协议优先级。该值在 1 ～ 255 之间取值，值越小，优先级／可信度越高。

每一种路由协议都有自己的默认管理距离，因此，不同的路由协议可以按可靠性从高到低排出一个优先级。该值可以根据需要进行调整。

对于到达同一目的地的多条不同协议学习到的路由项，路由器会首先根据管理距离决定相信哪一个协议。

表 8-1 中列举了 DCR 路由器中常见路由协议的默认管理距离值。

表 8-1　DCR 路由器中常见路由协议的默认管理距离值

路 由 协 议	管 理 距 离
C 直连路由	0
S 静态路由	1
R 路由信息协议 RIP	120
O 域内 OSPF	110
B BGP	20

注意：并不是所有的厂家的默认值都是完全一致的，这些默认值是可以修改的，使用时不要一概而论。

（3）路由度量值

路由度量值，英文名为 Metric。它是表示路由项优先级、可信度的重要参数之一。

不同的路由协议的 AD 值不同，而同种类型的路由协议的 AD 值相等。如果同种路由协议生成了多个路由表项，目的网段相同，且 AD 值也相同，那么还可以根据什么信息来判断它们之间的优先级别呢？就是度量值！

不同路由协议计算度量值的方法是不同的，如图 8-4 所示。

1）RIP。RIP 协议是以跳数作度量值的，两个相邻的路由设备和之间的链路为一跳。跳数越多，优先级越低。如图 8-4 所示，从网段 A 到网段 B，距离矢量路由协议会选择度量值最小（跳数最少）也就是带宽为 64K 低速链路进行选路。

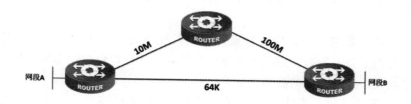

图 8-4　度量值与路径选择

2）OSPF。OSPF 的 Metric 值计算方法比较复杂，有一个公式 $\Sigma\,(108)\,/\,BW$，就是把每一段网络的带宽倒数累加起来乘以 100 000 000（即 100M）。简单说，OSPF 的度量值与带宽相关。此时，OSPF 根据其度量值选择了带宽较大的路径传输数据。

3）BGP。BGP 是一种 AS 之间的外部网关路由协议，它的 Metric 值通常是从内部网关协议中继承的。

注意：

1）只有动态路由才会有 Metric 参数，静态路由是没有的。

2）不同类型路由协议的 Metric 值没有可比性。

第 9 章 设 备 简 介

9.1 工作原理

　　把自己的网络同其他网络互联起来，从网络中获取更多的信息和向网络发布自己的消息，是网络互联最主要的动力。网络的互联有多种方式，其中使用最多的是交换机互联和路由器互联。

　　交换机工作在数据链路层，它在屏蔽冲突的前提下连接局域网络，提供基于硬件地址的定向转发，由于不会因为有冲突而产生额外的带宽，并可以释放出空闲带宽给特定的终端设备，所以可以大大提升网络的整体性能。

　　由于 VLAN 等交换机技术的成熟和逐步实施，交换机所连接的网络功能也呈现多元化的趋势，现代交换机不仅可以屏蔽冲突，还可以根据配置控制广播的范围，并实现网络拓扑的逻辑化，即不论网络的物理拓扑如何，都可以根据逻辑规划重新组织网络的逻辑形态，以更符合多变的网络需求。

　　交换机的作用是把两个或多个网络互联起来，提供透明的通信。由于交换机是在数据帧上进行转发的，因此只能连接相同或相似的网络（相同或相似结构的数据帧），如以太网之间、以太网与令牌环（token ring）之间的互联，对于不同类型的网络（数据帧结构不同），如以太网与 X.25 之间，交换机就无能为力了。

　　概括说来，交换机的互联属于同种网络的二层技术的互联，互联后的网络节点相互通信时并不在意交换机本身的 MAC 地址和 IP 地址。

　　路由器互联与网络的协议有关，我们讨论限于 TCP/IP 网络的情况。

　　路由器工作在 OSI 参考模型中的第三层，即网络层。路由器利用网络层定义的"逻辑"上的网络地址（即 IP 地址）来区别不同的网络，实现网络的互联和隔离，保持各个网络的独立性。路由器不转发广播消息，而把广播消息限制在各自的网络内部。发送到其他网络的数据首先被送到路由器，再由路由器转发出去。

　　IP 路由器只转发 IP 分组，把其余的部分挡在网内（包括广播），从而保持各个网络具有相对的独立性，这样可以组成具有许多网络（子网）互联的大型网络。由于是在网络层的互联，路由器可方便地连接不同类型的网络，只要网络层运行的是 IP，通过路由器就可互联起来。

　　网络中的设备用它们的网络地址（TCP/IP 网络中为 IP 地址）互相通信。IP 地址是与硬件地址无关的"逻辑"地址。路由器只根据 IP 地址来转发数据。IP 地址的结构有两个部分，一部分定义网络号，另一部分定义网络内的主机号。目前，在 Internet 网络中采用子网掩码来确定 IP 地址中的网络地址和主机地址。子网掩码与 IP 地址一样也是 32bit，并且两者是一一对应的，子网掩码中数字"1"所对应的 IP 地址中的部分为网络号，数字"0"所对应的则为主机号。网络号和主机号合起来，才构成一个完整的 IP 地址。同一个网络中的主机 IP 地址，其网络号必须是相同的，这个网络称为 IP 子网。

通信只能在具有相同网络号的 IP 地址之间进行，要与其他 IP 子网的主机进行通信，则必须经过同一网络上的某个路由器或网关（gateway）出去。不同网络号的 IP 地址不能直接通信，即使它们接在一起，也不能通信。

路由器有多个端口，用于连接多个 IP 子网。每个端口的 IP 地址的网络号要求与所连接的 IP 子网的网络号相同。

现在的互联网是由世界各地大量的局域网互联构成的。在前面的叙述中，我们知道了交换机是 OSI 参考模型第二层的网络设备，它能够处理的是使用相同的传输介质的两个局域网络，当两个局域网相距很远的时候，互联往往就需要借助电信网络实施了，电信部门的网络是适合长距离传输并且在信号经常受到干扰的情况下进行铺设的，因此无论从传输介质还是信号格式，均与一般的园区网有很大的区别。如果使用传统的交换机来互联这样两个局域网，几乎是不可能的。

路由器作为 OSI 参考模型第三层的网络设备，其基本功能之一就是进行协议转换即互联异种网络。

协议转换主要指第二层协议的转换。在以太网中，网络的第二层使用数据帧承载数据进行传输，在与远端网络互联时，以太网要与电信网络互联，而电信网络的第二层通常使用一种称为信令单元的格式，这时就需要一种设备能够将以太网中的二层数据帧做相应处理之后转换为能够在电信网络中传输的信令单元，从而保证数据的长途传输正常进行。

路由器往往针对不同的网络接入端口有不同的协议栈与之对应，在路由器中通常称为对端口的封装配置，意思是在进行了这种封装配置之后，从此端口转发出去的数据都将被封装成这种协议的数据单元。

除了上面的远程局域网之间互联的情况之外，在一个园区网络内部也通常由于网络性能和安全性的关系需要将网络划分成不同的虚拟局域网。这时，如果没有第三层设备为不同的虚拟局域网互传数据，两个虚拟局域网之间是无法进行通信的。

在园区网络中两个虚拟局域网之间安置的路由器，实际上并没有执行协议转换的操作，它的最大作用在于隔离广播，并成为两个虚拟局域网的网关，即这两个虚拟局域网之间的桥梁。在现代园区网中，这种功能的路由器已经基本上被第三层交换机所取代，它能够更快速地转发数据，并且端口的添加与删除也变得很方便、经济。

概括说来，路由器的互联属于异种网络的三层技术的互联，互联后的网络节点相互通信时需要用到路由器的 MAC 地址和 IP 地址。

路由器是一种典型的网络层设备，在 OSI 参考模型之中被称为中介系统，完成网络层中继的任务。路由器负责在两个局域网之间接收帧并继续传输数据，转发帧时需要改变帧中的物理地址。

路由器的功能概述：

- 在网络间截获发送到远地网络段的网络数据报文，并转发出去。
- 为不同网络之间的用户提供最佳的通信途径。
- 子网隔离，抑制广播风暴。

- 维护路由表，并与其他路由器交换路由信息，这是网络层数据报文转发的基础。
- 实现对数据包的过滤和记账。
- 利用网际协议，可以为网络管理员提供整个网络的有关信息和工作情况，以便于对网络进行有效管理。
- 可进行数据包格式的转换，实现不同协议、不同体系结构网络的互联能力。

9.1.1　协议转换

路由器作为三层的网络设备，对接收来的数据进行下三层的解封装，并通过出口协议栈的再封装发送到出口网络中，从而实现了不同种网络之间的互联互通，如图 9-1 所示。一般来讲，所有路由器都可以有很多种不同类型的端口。每种类型的端口可以由管理员根据此端口所连接的网络设备选择各自的封装协议类型。为路由器端口选择封装协议也就意味着将来从这个端口发送出去的数据是经过特定的封装格式封装的，同理，接收到的数据也会根据所选择的封装协议类型进行解封装处理。这样，试想如果在交换机的某端口处选择的封装协议类型与其连接的对应网络不一致，那么在端口接收数据时必然会造成对数据的解封装不准确，从而使连通性受到影响，表现出来的结果就是端口处于不连通状态了。

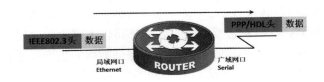

图 9-1　路由器的协议转换

所以，如果当两个异类网络需要互联在一起组成一个更大的网络实现相互通信时，一般需要一台路由器在中间充当中介的作用。它将从一端收到的数据通过端口的封装协议解封装并从另一个端口通过其封装协议封装后发送到第二个网络中，从而实现异种网络的互联。

9.1.2　寻址

路由器中的寻址动作与主机中的类似，区别在于路由器不止一个出口，所以不能通过简单配置一条默认网关解决所有数据包的转发，必须根据目的网络的不同选择对应的出口。

路由器的寻址功能可以类比成我们现实生活中乘坐交通工具去往某地的过程。我们可以将旅客当作在网络世界中需要从某处到某处的数据，将交通站点比作网络世界中的路由器。当确定目标之后，通常会根据目标的方向选择坐火车、汽车或飞机出行，这就类似于在网络世界中选择不同的路径。不论如何选择，需要做的第一件事都是从出发地到火车站、汽车站或者飞机场。至于走完第一段行程后面的行程，我们并不清楚，这就需要交通站点根据情况进行确定。

以图 9-2 为例，如果从辽宁省丹东市去往上海长宁区某地，中间经过丹东站、北京站到达上海站，各站都是根据站内信息，做出一个"欲到达某地，应先到哪里"的判断。在路由器中也是这样的。

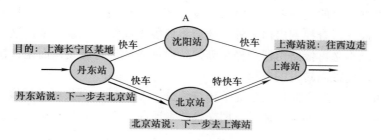

图 9-2 交通站点

当数据到达路由器之后，设备会根据当前的网络配置情况，判断到底应该将数据发往哪个方向的下一跳去，例如图 9-3 中 A 会判断数据"想到达 E，应先发到 C"去。

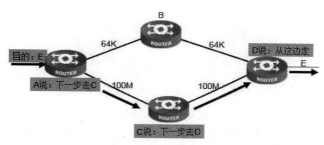

图 9-3 路由中的数据情况

概括说来，路由器的寻址功能即是帮助数据从正确的方向延续传递的过程。

在局域网中，使用三层交换机可以实现不同广播域之间的寻址和转发，以提升转发效率。

三层交换机为网络设计提供了许多灵活性。例如，它可用于汇聚建筑物内网段的业务流，将局部业务流局限于子网内，而同时以线速度转发跨子网的业务流。它们可用于前端共享资源（如服务器群），提供高速交换连接，同时保护这些服务器免受消耗其处理时间的外部广播业务流的影响。它们也可以减轻传统路由器的 IP 网络业务流处理负担，无需对老技术进行进一步扩充或投资以改善所有第三层协议的性能。

简单地说，三层交换技术就是"二层交换技术＋三层转发"。三层交换技术的出现，解决了局域网中网段划分之后网段中的子网必须依赖路由器进行管理的局面，解决了传统路由器低速、复杂所造成的网络瓶颈问题。

一个具有三层交换功能的设备，是一个带有第三层路由功能的第二层交换机，但它是两者的有机结合，而不是简单地把路由器设备的硬件及软件叠加在局域网交换机上。我们可以通过图 9-4 中的例子说明三层交换机是如何工作的。

图 9-4 三层交换机连接 2 个不同的广播域

图 9-4 是一个简单的三层交换机连接了两个不同的广播域设备 PC1 和 PC2，这里的三层交换机如同一个发挥寻址功能的路由器一样，即它在不同的广播域接口中应有不同的 IP

地址，它们也是各自广播域终端的网关地址。这样当 PC1 或 PC2 有数据要发送给非本地网络的终端时，根据主机的判断会首先将数据发往网关，在网关（三层交换机）处它除了执行和路由器同样的操作，查找到出口之外，还会将此数据的特征记录下来，这样当相同的后续数据到来时，它就不必再像路由器一样重新浪费时间查找后再转发，而是直接通过记录下的信息转发出去，从而提高转发的效率。

在网络应用中，三层交换机通常处于传统划分了 VLAN 的交换机的汇聚层，这样便于连接更多的 VLAN 使它们之间可以通过三层交换技术连通。典型的拓扑环境如图 9-5 所示。

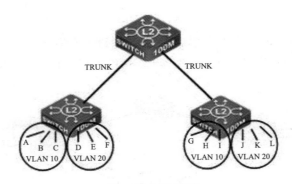

图 9-5 拓扑环境

这里三层交换机与二层交换机的连接采用 TRUNK 的设置，是为了满足跨多个交换机相同 VLAN 的互联互通，如果需要实现 VLAN10 和 VLAN20 之间的连通，则必须在三层交换机中加以实现。

虽然三层交换机在局域网中由于转发效率的原因可以部分取代路由器的寻址功能，但交换机的端口类型有限，协议支持的种类也无法达到路由器的水平，因此在进行协议转换的场合，还是要有路由器的参与才能够实现需求。

9.2 设备登录和管理方式

随着国内市场中路由器种类的增多，路由器的配置方式也多种多样，本节将按照通用的配置方式，以神州数码的 DCR 系列路由器为例进行讲解，个别项目的配置方法会因新版本的推出与本书所写略有不同，一旦出现上述情况，应以最新出版的用户手册为基准。

一般来说，可以用 4 种方式来配置路由器，如图 9-6 所示。

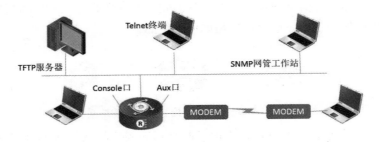

图 9-6 路由器的配置方式

9.2.1　控制台连接

在 Windows 下运行 hyperterminal（超级终端）程序，具体方法参见实训手册。

检查物理连接，如图 9-7 所示。

图 9-7　检查物理连接

DCR 系列路由器的配置线缆为 DCR 专用 RJ-45 与 9 针转接头，用于与 PC 的 RS-232 串口连接，使 PC 与 Console 线缆连接，如图 9-8 所示。

图 9-8　DCR 系列路由器配置线缆

如果看到如图 9-9 所示的界面，表示已经进入路由器的配置，此时已经可以对路由器输入适当的指令查看路由器状态。

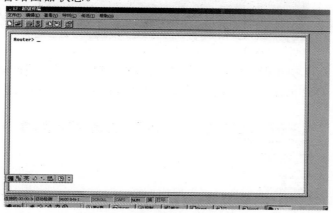

图 9-9　路由器配置 Console 界面

9.2.2　AUX 口接 MODEM

通过电话线与远方的终端或运行终端仿真软件的计算机相连。

主机端的配置与第一种方式一样，在选择端口时需要选择已经安装的 MODEM 进行连接，如图 9-10 所示。

DCR 系列路由器则需做如下配置：

interface async 0/0

line dial

async mode interactive

此后，按提示进行拨叫即可完成连接。

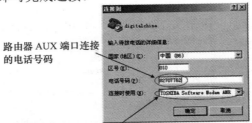

路由器 AUX 端口连接
的电话号码

已经在 PC 中安装好驱动的 MODEM 类型

图 9-10　AUX 连接配置

9.2.3　通过 Ethernet 上的 Telnet 程序

首先检查从主机到路由器的连通性，如图 9-11 所示。

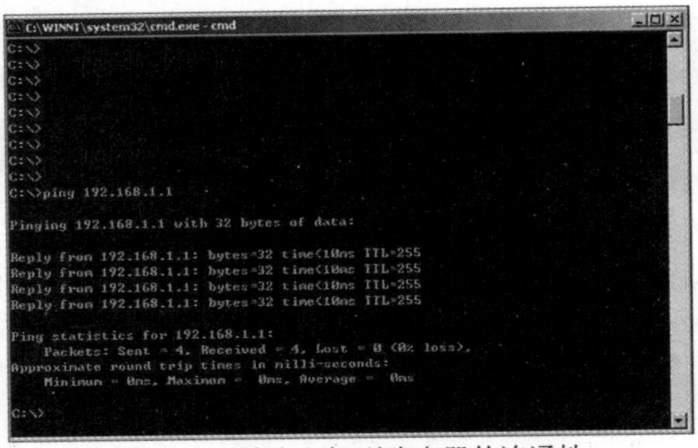

图 9-11　检查主机到路由器的连通性

如果收到如图 9-11 所示的回应，证明网络连通性良好，则使用 Telnet 命令登录路由器。如果可以得到如图 9-12 所示界面，证明已经与路由器连接，可以输入适当命令开始对路由器进行操作了。

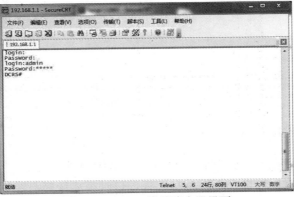

图 9-12　Telnet 登录路由器界面

此外，对路由器的配置时，还可以使用 TFTP 进行配置文件的上传和下载。

9.2.4　通过局域网上的 TFTP 服务器

此种方法可以将已经编辑好的配置文件（文档形式保存在主机中）上传到路由器的

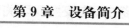

NVRAM 中，重新启动路由器后，即可使用上传的配置。

9.3 升级维护

9.3.1 正常情况下的升级和备份操作

如图 9-13 所示，路由器中存放系统文件即操作系统文件的存储器是 Flash，因此对系统文件的备份和恢复也是针对 Flash 进行的。

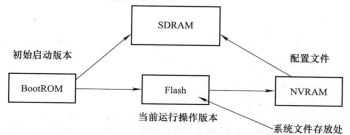

图 9-13 系统文件存放处位置示意

不论是文件的备份还是恢复，都需要在 TFTP 服务器与路由器之间存在可达的网络连接，因此应确保有如图 9-14 所示的拓扑状态。

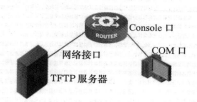

图 9-14 使用 TFTP 服务进行路由器文件备份的拓扑状态

（1）系统文件的备份

路由器中对文件的操作命令与 DOS 中的类似，备份系统文件使用 "copy" 命令，图 9-15 中的命令可以将路由器系统文件保存在 IP 地址为 192.168.1.2 的 TFTP 服务器上。

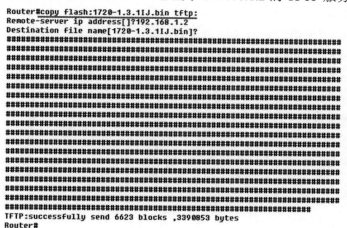

图 9-15 系统文件的备份过程

为了确保备份过程顺利进行，在执行这个命令之前，需要对路由器设备与 TFTP 服务器相连的网络接口做相关设置，并确保连通，同时，确保服务器中 TFTP 服务已经开启并已经配置完好。另外，还需要使用 dir 命令查看当前路由器中存放的操作系统文件名称，如图 9-16 所示。

```
Router#dir
Directory of /:
2     1720-1.3.1IJ.bin       <FILE>      3390853     Sun Feb  7 06:28:15 2106
1     1720-1.3.1IJ.map       <FILE>       463357     Sun Feb  7 06:28:15 2106
free space 4440064
Router#
```

图 9-16　dir 命令

（2）系统文件的恢复

系统文件的恢复与备份正好是逆过程，使用的命令也是 copy，只是源和目的与备份过程相反，即文件从服务器传到路由器的 Flash 中保存起来，如图 9-17 所示。

```
Router#copy tftp: flash:
Source file name[]?1720-1.3.1IJ.bin
Remote-server ip address[]?192.168.1.2
Destination file name[1720-1.3.1IJ.bin]?
######################################################################
######################################################################
######################################################################
######################################################################
######################################################################
######################################################################
######################################################################
######################################################################
######################################################################
######################################################################
######################################################################
######################################################################
######################################################################
######################################################################
######################################################################
######################################################################
######################################################################
######################################################################
################################################################
TFTP:successfully receive 6623 blocks ,3390853 bytes
Router#
```

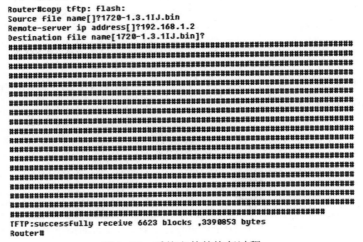

图 9-17　系统文件的恢复过程

9.3.2　非正常情况下的恢复与备份

系统无法正常启动。

在 DCR 系列路由器中，将设备加电重启之后，在系统启动到如下位置时，一直按住 <Ctrl+Break> 组合键，即可进入路由器的 monitor 模式，如下所示：

```
System Bootstrap, Version 0.1.8
Serial num:8IRT01V11B01000054 ,ID num:000847
Copyright (c) 1996-2000 by China Digitalchina CO.LTD
DCR-1700 Processor MPC860T @ 50Mhz
The current time: 2067-9-12 4:44:13
                Welcome to DCR Multi-Protool 1700 Series Router
monitor#
```

（1）系统文件备份操作

在 monitor 模式下可以进行 ZMODEM 方式的文件上传和下载，所谓 ZMODEM 方式是从路由器的 Console 端口以波特率规定的速率通过 PC 的串口传输文件的一种方式，不需要网线。其过程如下：

```
monitor#dir（查看当前路由器中的文件都有哪些）
Directory of /:
2  1720-1.3.1IJ.bin    <FILE>    3390853    Sun Feb   7 06:28:15 2106
1  1720-1.3.1IJ.map    <FILE>    463357     Sun Feb   7 06:28:15 2106
0  routerb             <FILE>    3390853    Sun Feb   7 06:28:15 2106
3  startup-config      <FILE>    642        Sun Feb   7 06:28:15 2106
free space 1015808
monitor#upload c0 routerb（启动备份操作命令）
Speed: [9600]（选择波特率，默认 9600）
```

以下为传输过程

```
Begin zmodem send process....
?80000000dd38
```

开始传输，会弹出如图 9-18 所示的界面，可以查看当前传输的过程情况。

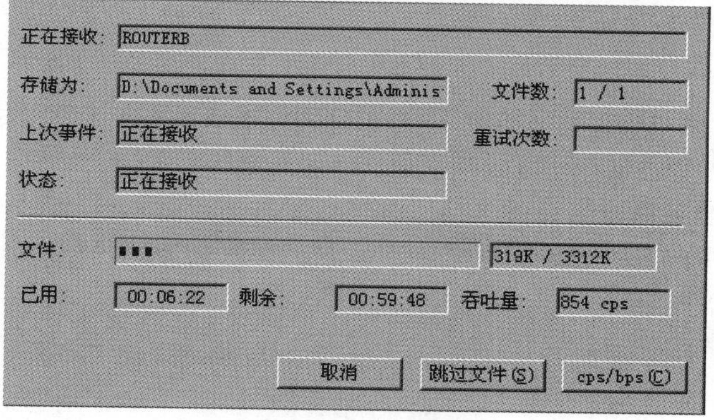

图 9-18　开始传输

（2）系统文件的恢复

可以按照如下操作顺序进行系统文件的恢复。

```
monitor#download c0 routerb（启动命令）
Speed: [9600]（选择波特率）
```

在此命令后，应该在超级终端选择"传送"→"发送文件"命令，弹出如图 9-19 所示的"发送文件"对话框。

图 9-19　"发送文件"对话框

单击"浏览"按钮，可以选择向路由器发送的文件，完成后单击"发送"按钮即可开始传送，如图 9-20 所示。

```
Begin zmodem receive process....
?B00000012f4ced
```

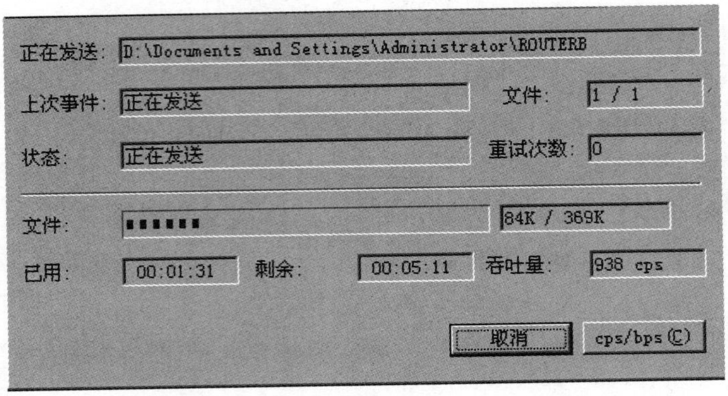

图 9-20　向路由器发送文件

注意：在 DCR 系列路由器的 BOOTROM 模式下，除可以使用 ZMODEM 的方式进行文件的备份和恢复外，还可以使用网络 TFTP 服务器方式进行。

（3）管理口令或登录口令丢失

可以执行 nopasswd 命令删除当前的管理口令（enable password），可以执行 delete 命令删除当前保存的启动配置文件。

```
monitor#nopasswd
monitor#delete
this file will be erased,are you sure?(y/n)y
```

9.3.3　配置文件的维护

路由器的配置文件保存在 NVRAM 中，每次开机启动时，从 NVRAM 中读取到 SDRAM 中运行，可以在特权模式中使用 show startup-config 命令查看当前的配置文件，它相当于主机中的 profile 文件，对同一台路由器使用不同的配置文件，将会使它在企业网络中起到不同的作用。

配置文件上传和下载的命令也是 copy，只是参数不同，可以使用 copy ? 的方式查看可选的参数，如图 9-21 所示。

```
Router#copy ?
  flash:              -- Copy file from system flash memory.
  startup-config      -- Copy startup configuration file
  tftp:               -- Copy file from tftp server
Router#copy
```

图 9-21　使用 copy ? 命令查看可选参数

由此，我们可以选择 copy startup-config 命令进行下一步操作。配置文件的上传过程如图 9-22 所示。与系统文件一样，配置文件也可以在特权模式使用 dir 命令查看得到。

```
Router#copy startup-config tftp:
Remote-server ip address[]?192.168.1.2
Destination file name[startup-config]?
#
TFTP:successfully send 2 blocks ,603 bytes
Router#dir
Directory of /:
2    1720-1.3.1IJ.bin        <FILE>      3390853     Sun Feb  7 06:28:15 2106
1    1720-1.3.1IJ.map        <FILE>       463357     Sun Feb  7 06:28:15 2106
0    startup-config          <FILE>          603     Sun Feb  7 06:28:15 2106
free space 4423680
Router#
```

图 9-22　使用 dir 命令查看配置文件

第10章 路由器路由技术基础

10.1 直连路由与静态路由

10-1　路由技术与应用

10.1.1 直连路由

直连路由：路由器接口所连接的子网的路由方式称。

直连路由是由链路层协议发现的，一般指去往路由器的接口地址所在网段的路径，该路径信息不需要网络管理员维护，也不需要路由器通过某种算法进行计算获得，只要该接口处于活动状态 UP，路由器就会把通向该网段的路由信息填写到路由表中去，直连路由无法使路由器获取与其不直接相连的路由信息。

直连路由是作为其他路由的基础和前提条件而存在的。

10.1.2 静态路由

静态路由是在路由器中设置的固定的路由表，除非网络管理员干预，否则静态路由不会发生变化。通常网络管理员根据其对整个网络拓扑结构的认识和管理，为每个路由器规定其到达非直连网络的下一跳及出口，这种设置方法不能对网络的改变做出反应，一般用于网络规模不大、拓扑结构固定的网络中。静态路由的优点是简单、高效、可靠。在所有的路由中，静态路由优先级最高。当动态路由与静态路由发生冲突时，以静态路由为准。

但对于其中的下一跳网关却要重点提一下，这里有两种情况可选：

（1）以具体 IP 地址作为下一跳

不同的路由器可以以一个具体的 IP 地址来唯一定位，下一跳网关用具体 IP 地址时，也是没有任何异议的，这也是最常见的情况。值得注意的是，作为下一跳的具体 IP 地址应该与路由器的某接口地址处于相同网段。

（2）以本地端口名称作为下一跳

从名字就可以看出来，下一跳网关应该是指其他设备，而端口名字显然是本路由器的，这里显然会存在一定的差异。

当网络类型为点对点（如 PPP 等）时，使用端口名字还是 IP 地址，效果是等同的。

当网络类型为非点对点时，如常见的广播型以太网，就会不一样了。

在以太网中，如果用端口名字来当下一跳，那么 RT1 在 ARP 请求的是数据包目的地址的 MAC。而如果以 IP 地址作为下一跳，那么 RT1 在 ARP 请求的是下一跳地址的 MAC。

在广播型网络中，如果对端的设备没有开启代理 ARP 功能，那么就更加不能使用端口名字来当下一跳了。

那端口作为下一跳的路由用在什么地方呢？

当我们使用拨号线路时，在拨号成功之前，线路都是没有 UP 的，就更加谈不上知道对端的 IP 地址了，此时怎么写路由呢？只能是端口。

哪些地方需要增加静态路由？

原则：实际需要，但路由表中没有的网段都要加。

经验 1：直连的网段不需要加。

经验 2：只有业务需要的网段才要加。

10.1.3　默认路由

默认路由是一种特殊的静态路由，是指当路由表中与包的目的地址之间没有匹配的表项时路由器能够做出的选择。如果没有默认路由，那么目的地址在路由表中没有匹配表项的包将被丢弃。默认路由在某些时候非常有效，当存在末梢网络时，默认路由会大大简化路由器的配置，减轻管理员的工作负担，提高网络性能。

默认路由（Default Route）是对 IP 数据包中的目的地址找不到存在的其他路由时，路由器所选择的路由。目的地址不在路由器的路由表里的所有数据包都会使用默认路由。这条路由一般会连接另一个路由器，而这个路由器也同样处理数据包：如果知道应该怎么路由这个数据包，则数据包会被转发到已知的路由；否则，数据包会被转发到默认路由，从而到达另一个路由器。每次转发，路由都增加一跳的距离。

当到达了一个知道如何到达目的地址的路由器时，这个路由器就会根据最长前缀匹配来选择有效的路由；这时在所有符合目的地址的路由表项中，子网掩码网络位最长的路由表项会被优先选择。用无类别域间路由标记表示的 IPv4 默认路由是 0.0.0.0/0。因为子网掩码是 /0，所以它是最短的可能匹配。当查找不到匹配的路由时，自然而然就会转而使用这条路由。同样地，在 IPv6 中，默认路由的地址是 ::/0（::/0 为 Ipv6 默认路由的缩写）。一般把默认路由设为一个连接到网络服务提供商的路由器。当那些数据包到了外网，如果该路由器不知道该如何路由它们，就会把数据包发到自己的默认路由里，而这又会是另一个连接到更大的网络的路由器。同样地，如果仍然不知道该如何路由那些数据包，它们会去到互联网的主干线路上。这样，目的地址会被认为不存在，数据包就会被丢弃。

主机里的默认路由通常被称作默认网关。默认网关通常会是一个有过滤功能的设备，如防火墙和代理服务器。

需要注意的是，现实环境中对于两点之间的通信，使用静态路由时，必须要进行双向配置，以做到数据包双向可寻址。

10.2　静态路由最长掩码匹配

最长掩码匹配是指在 IP 中，被路由器用于在路由表中进行选择的一个算法。

因为路由表中的每个表项都指定了一个网络，所以一个目的地址可能与多个表项匹配。最明确的一个表项，即子网掩码最长的一个，就叫作最长掩码匹配。之所以这样称呼它，是因为这个表项也是路由表中，与目的地址的高位匹配得最多的表项。

例如，考虑下面这个 IPv4 的路由表（这里用 CIDR 来表示）：

192.168.20.16/28 192.168.0.0/16 在要查找地址 192.168.20.19 的时候，这两个表项都"匹配"。也就是说，两个表项都包含着要查找的地址。这种情况下，掩码最长的路由就是 192.168.20.16/28，因为它的子网掩码 /28 比其他表项的掩码 /16 要长，使得它更加明确。

路由表中常常包含一个默认路由。这个路由在所有表项都不匹配的时候有着最短的掩码匹配。

10.3 单臂路由

单臂路由（router-on-a-stick）是指在路由器的一个接口上通过配置子接口（或"逻辑接口"，并不存在真正物理接口）的方式，实现原来相互隔离的不同 VLAN（虚拟局域网）之间的互联互通。一般用于交换机与路由器之间，数据从一条线路进去，又从一个线路出来，两条线路重合，故形象地称之为"单臂路由"。通过单臂路由的学习，能够深入地了解 VLAN（虚拟局域网）的划分、封装和通信原理，理解路由器子接口、ISL 协议和 802.1q 协议。

VLAN 能有效分割局域网，实现各网络区域之间的访问控制。但现实中，往往需要配置某些 VLAN 之间的互联互通。比如，公司划分为领导层、销售部、财务部、人力部、科技部、审计部，并为不同部门配置了不同的 VLAN，部门之间不能相互访问，有效保证了各部门的信息安全。但领导层需要跨越 VLAN 访问其他各个部门，这个功能就由单臂路由来实现。

优点：实现不同 VLAN 之间的通信，有助于理解、学习 VLAN 原理和子接口概念。

缺点：容易成为网络单点故障，配置稍有复杂，现实意义不大。

10.4 RIP 路由协议

10.4.1 概述

10-2 RIP 路由协议

距离矢量算法是以 R.E.Bellman、L.R.Ford 和 D.R.Fulkerson 所做的工作为基础的，因此，我们把距离矢量路由协议称为 Bellman-Ford 或者 Ford-Fulkerson 算法。

距离矢量路由协议也称为 Bellman-Ford 协议。距离矢量协议定期向相邻路由器发送的路由更新包含两类信息：

- 到达目的网络所经过的距离——使用的度量值或者网络的数量。
- 下一跳是谁，或者达到目的网络要使用的方向（矢量）。

距离矢量路由器定期向相邻的路由器发送它们的完整路由表。距离矢量路由器在从相邻路由器接收到的信息的基础之上建立自己的路由表。然后，将信息传递到它的相邻路由器，因此路由表是在第二手信息的基础上建立的。

距离矢量名称的由来是因为路由是以矢量（距离、方向）的方式被通告出去的，这里的距离是根据度量值来决定的。通俗点就是：往某个方向上的距离。例如，"朝下一个路由器 X 的方向可以到达网络 A，距此 5 跳之远"。

每种路由协议都有自己的算法，路由协议在共享和传递路由更新信息方面，乃至收敛方式都因为算法的不同而不同。

距离矢量协议中，每台路由器在信息上都依赖于自己的相邻路由器，而它的相邻路由器又是通过自己的相邻路由器学习路由，依此类推，就好像街边巷尾的小道新闻——一传十，十传百，很快就可以家喻户晓了。正因为如此，我们一般把距离矢量路由协议称为"依照传闻的路由协议"。

10.4.2　距离矢量路由算法

距离矢量路由协议是这样工作的：每台路由器维护一张矢量表，表中列出了当前已知的到每个目标的最佳距离，以及所使用的线路。通过在邻居之间相互交换信息，路由器不断地更新它们的路由表。

距离矢量路由算法号召每台路由器在每次更新时发送它的整个路由表，但仅仅给它的邻居。距离矢量路由算法容易形成路由循环，但比链路状态路由算法更简单。

注意：所谓可增广路径，是指这条路径上的站点可以修改，通过修改，使得整个路径的站点增加。

算法描述如下：

在距离矢量路由选择算法中，每台路由器维持有一张子网中每一个以其他路由器为索引的路由表，表中的每一个项目都对应于子网中的每台路由器。此表项包括两个部分，即希望使用的到目的地的输出线路和估计到达目的地所需的时间或距离。度量标准可为站点、估计的时间延迟（ms）、队列长度等。

假定路由器知道它到每个相邻路由器的"距离"。如果度量标准为站点，其距离就为一个站点；如果度量标准是队列长度，则路由器会简单地检查每个队列；如果度量标准是延迟，则路由器可以直接发送一个特别"响应"（ECHO）数据来测出延迟，接收者要对它加上时间标记后尽快送回。

10.4.3　路由收敛

无论使用何种类型的路由选择算法，互联网络上的所有路由器都需要时间以更新它们的路由表中的改动，这个过程称为收敛。因而，在距离矢量路由选择中，收敛包括：

- 每台路由器接收到更新的路由选择信息。
- 每台路由器更新它自己的路由表。
- 每台路由器用它自己的信息（如加入一个跳）更新其度量值。
- 每台路由器向它的邻居组播或广播新信息。

备注：RIPv2 和 EIGRP 等使用组播形式，RIPv1 和 IGRP 使用广播方式。

10.4.4　距离矢量路由发现

如图 10-1 所示，是一个距离矢量算法发现路由的过程。

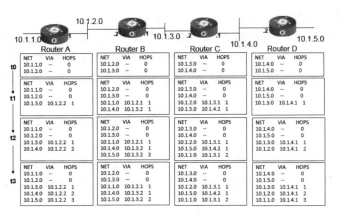

图 10-1　距离矢量算法发现路由的过程

　　此例中，度量值使用了跳步数。在 t0 时刻，路由器 A 到路由器 D 刚刚启用 RIP，此时，从 A 到 D 的四台路由器都仅仅知道其直接连接的网络的路由，这些路由的跳步数均为 0，并且没有下一跳路由器，在更新时刻到来时，这四台设备都会以广播的方式向各自的所有链路发送这些路由信息。

　　在 t1 时刻，每台设备都接收到了相邻设备的更新并进行了第一次的路由信息调整。对路由器 A 来讲，它接收到了来自 B 的更新报文，告之 B 有到达 10.1.2.0 和 10.1.3.0 网络的路由，A 认为 B 的更新报文中到达 10.1.3.0 网络的路由是可以接受的，因为自己的路由表中没有到达 10.1.3.0 网络的路由，而对于到达 10.1.2.0 网络的路由，A 不会采纳的原因在于，B 发布的有关 10.1.2.0 网络的路由跳步数为 1，比自己当前所知道的要大，因此它认为应该保留现在的最佳路由。这样 A 将 10.1.3.0 的路由加入到自己的路由信息表中，同时将接收这条消息的源作为路由的下一跳记录下来。

　　对于其他的路由器也将执行相似的过程，最终对于如图 10-1 所示的网络环境，经过 3 个更新周期后每台路由器都会形成到达整个网络的路由。

10.4.5　距离矢量路由协议特点

　　（1）定期更新

　　定期更新（Periodic Updates）是指距离矢量路由器会在到达某一个时间点上发送更新信息。更新信息是指各路由器各自的直连网络信息。一般这个时间周期为 10 ～ 90s（不同协议的设置不同），常用的 RIP 为 30s，而 IGRP（Cisco 的私有路由协议）为 90s。这里引发争议的是如果更新信息在网络中过于频繁则会浪费带宽、造成拥塞，如果更新信息发送太慢频率不高，则收敛时间又会变长。

　　（2）邻居

　　邻居（Neighbours）通常意味着共享相同的数据链路的路由器。距离矢量路由协议向邻居路由器发送更新信息，并依赖邻居向它的邻居传递更新信息。在距离矢量路由协议中，路由器发送的路由更新信息只会发送到其通过链路直接相连的路由器——邻居，邻居并不会将这个更新信息继续传递给它的邻居。值得注意的是，每台路由器以邻居的身份收到了其他路由器的更新消息后会进行加工整理（添加度量值），然后再转发给它的邻居。

（3）广播更新

广播更新（Broadcast Update）是指在一个网络中，当一台路由器刚刚登录时，如何去寻找其他的路由器呢？它又是如何宣布自己的存在，将自身拥有的路由条目给相邻路由器呢？比如现实生活中，你刚入职一家新公司，如何向其他同事介绍你自己呢？你会选择一个一个地去自我介绍还是把所有人召集起来，统一介绍自己呢？我们自然选择统一介绍这种方式！在 IP 网络中也有同样的问题，这时通常使用广播来解决该问题，在 IP 网络中，广播地址是 255.255.255.255。

使用相同路由协议的邻居路由器会收到广播信息并且采取相应的动作。

（4）包含整个路由表的更新

就好像两个知心好友一样，推心置腹，把自己知道的全部信息都讲出来告诉对方——基本上所有的距离矢量路由协议都会采用这种简便的办法来向邻居路由器通告自己所知道的所有信息——告诉其他路由器自己的整张路由表，邻居在收到该信息后，完善自己的路由表，如图 10-2 所示。

典型的距离矢量路由协议发送整个路由表

图 10-2　距离矢量路由协议更新路由表示意

（5）依照传闻进行路由选择

距离矢量路由协议中每台路由器都将收到的路由信息进行加工，并把加工后的路由信息传递给它们的邻居路由器。这个特点说明，每台距离矢量路由协议的路由更新消息只有一跳的生存时间（注意不是指其数据包中的 TTL 值），当这个更新消息被转发给另外的路由器时，虽然描述的是到达相同目的地的路由更新，但内容已经与发送者接收到的那个信息不同了。

10.4.6　路由计时器

由于动态协议对路由的实时控制是自动判断的，如果一条非直接连接的路由当前的情况有所变动（直连路由可以通过接口的状态随时调整）。例如原来的路由可达而现在不可达了，除非有明确的通知说这条路由应该被马上删除，否则路由表中的表项计时器的时长将决定这条路由是否有效以及是否需要从路由表中删除等。

（1）水平分割（Split Horizon）

距离矢量路由协议由于使用"传闻"进行路由更新报文的传递，每个路由设备关心的问题是我转发的数据包可以到达哪些目标网络，并且将这些数据包发给身边的哪个路由设备，至于数据包是如何到达最终目标网络的并不是路由设备本身所关心的问题，因此在相邻路由设备之间频繁更新信息的过程中难免会出现，我方告诉对方的信息，对方又将相同信息告知我方的情况，在极端情况下便会出现路由环路现象。

水平分割的作用就是让路由器之间不相互转发从对方学到的网络路由，从而减小出现路由环路的可能性。

（2）计数到无穷大

由于距离矢量路由协议容易形成路由环路（如前所述），而路由环路最终会导致路由器将数据不停地在环路中传递，为了避免这种情况，协议规定，如果一条路径的跳数超过了某值，就被认为是不可达了，即便此时没有环路，也被统一看作是无穷远的一个网络，这样就避免了路由环路引起的数据传输黑洞，但不利的一方面，也限制了距离矢量路由协议网络的规模，特别是在由很多路由或三层交换设备组成的大型网络中，距离矢量路由协议就不太适用了。

（3）触发更新

触发更新（Triggered Update）又名快速更新，即当路由收敛后（路由稳定），如果某台路由器得知自己直连的一条链路的度量变化了（无论好或者坏），那么该路由器将立即发送更新信息，不必等到更新计时器的到期。

（4）抑制计时器

触发更新为正在进行收敛的网络增加了应变能力，为了降低接受错误路由信息的可能性，抑制计时器（Holddown Timer）引入了某种程度的怀疑量。

如果到一个目标的度量发生改变（无论是增大还是减小），那么路由器会将该路由条目设置为抑制状态——即加上一个抑制计时器。直到计时器超时，路由器才会接受有关此路由的信息。

它虽然降低了错误路由的可能性，但是收敛时间却会因此而变长，所以在对其进行配置的时候，一定要根据全网的情况来配置合适的值。

（5）异步更新

假设有一组连接在以太网段上的路由器群。如果很多路由器都共享一个广播网络，很可能会出现更新同步的情况——几台路由器的更新时间同时到期，同时更新。这样就会造成报文的碰撞，然后根据 CSMA/CD，它们会回退，但是，很可能这样一来影响到整个系统的收敛时延，最终会造成整个网络的同步延时。所以，我们通常使用两种办法来保持异步更新（Asynchronous Update）：

① 每台路由器的更新计时器都独立于路由进程，因此不会受到路由器处理负载的影响。
② 在每个更新周期中加入一个小的随机偏移量（较多采用）。

10.4.7　典型距离矢量路由协议

典型的距离矢量路由协议包括如下几种。

1）IP 路由信息协议 RIP。
2）Xerox 网络系统的 XNS RIP。
3）Novell 的 IPX RIP。
4）Cisco 的 Internet 网关路由协议 IGRP。
5）DEC 的 DNA 阶段 4。
6）Apple Talk 的路由表维护协议 RTMP。

10.4.8　RIP 概述

RIP 是最广泛使用的 IGP 之一，适应于大多数的校园网和使用速率变化不是很大的连续的地区性网络。对于更复杂的环境一般不使用 RIP。RIP 的路由更新数据都封装在 UDP 的数据报中，在 IPv4 UDP 的 520 号端口上进行封装，每台路由器都会接收来自远方路由器的路由更新消息并对本地的路由表做相应的修改，同时将更改后的消息再通知其他路由器。

RIP 启动和运行的整个过程可描述如下：

某路由器刚启动 RIP 时，以广播形式向其相邻路由器发送请求报文，相邻路由器收到请求报文后，响应该请求，并回送包含本地路由表的响应报文。

路由器收到响应报文后，修改本地路由表，同时向相邻路由器发送触发修改的报文，广播路由修改消息。相邻路由器收到触发修改的报文后，又在更新自身路由表后向其各自的相邻路由器发送修改报文。在一连串的触发修改广播后，各路由器都能得到并保持最新的路由信息。

RIP 分为传统 RIP、需求 RIP 和触发 RIP，而传统 RIP 又分为 RIP-1 和 RIP-2 两个版本，需求 RIP 和触发 RIP 与传统 RIP 的区别在于：需求 RIP 和触发 RIP 支持对拨号网的路由的维护，增添了几种相应的报文命令，增加了报文发送确认方式。

10.4.9　RIP 报文

（1）RIP 的封装

RIP 报文被封装在 UDP 的数据字段，当 UDP 报文头中的端口字段值为 520 时，表明其数据部分包含了一个 RIP 报文，如图 10-3 所示。

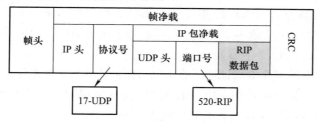

图 10-3　RIP 的封装示意

（2）RIP 报文格式

RIP 使用特殊的报文来收集和共享至有关目的地的距离信息。图 10-4 显示了报文中路由信息域只带一个目的地网络的 RIP 报文（即只有一个网络的可达信息描述的 RIP 报文）。

Command（1）	Version（1）	Must be zero（2）
Address Family Identifier（2）		Must be zero（2）
IP address（4）		
Must be zero（4）		
Must be zero（4）		
Metric（4）		

图 10-4　RIP 版本 1 报文格式

1）命令域（Command—1 字节）。

命令域指出 RIP 报文是一个请求报文还是对请求的应答报文，命令域字段含义如图 10-5 所示。两种情形均使用相同的帧结构：

① 请求报文请求路由器发送整个或部分路由表。

② 应答报文包括路由表项。应答报文可以是对请求的应答，也可以是主动的更新。

类型	意义
1	路径信息请求
2	路径信息响应
3	过时
4	留作 Sun 微系统公司内部使用

图 10-5　命令域字段含义

当请求消息含有一个地址族标识（Address Family Identifier）字段为 0（地址为 0.0.0.0），度量值为 16 的单条路由，接收到这个请求的设备将通过单播方式向发出请求的地址回送它的整个路由表，当然也要受到一些如水平分割和边界汇总等技术的限制。

在某些诊断测试需要知道某个或某些路由信息的情况下，请求消息是与特定地址的路由条目一起发送的。接收到这样的请求的路由器将根据请求消息逐个处理这些条目，构成一个响应消息。如果该设备的路由表中已有与请求消息中地址相对应的路由条目，则将其路由条目的度量值填入 Metric 字段。如果没有，Metric 字段就被设置为 16。在不考虑水平分割或边界汇总的情况下，响应消息将正确地告诉这台路由器它所想了解的信息。

2）版本号域（Version—1 字节）。

版本号域包括生成 RIP 报文时所使用的版本。RIP 是一个开放标准的路由协议，它会随时间而进行更新，这些更新反映在版本号中。虽然有许多像 RIP 一样的路由协议出现，但 RIP 只有两个版本：版本 1 和版本 2。这里先对通常使用的版本 1 进行描述。

3）0 域（Must be zero—2 字节）。

嵌入在 RIP 报文中的多个 0 域证明了在 RFC 1058 出现之前存在许多如 RIP 一样的协议。大多数 0 域为的是向后兼容旧的像 RIP 一样的协议，0 域说明不支持它们所有的私有特性，当收到的报文中这些域不是 0 时就会被简单地丢弃。

比如，两个旧的机制 traceon 和 traceoff。这些机制被 RFC 1058 抛弃了，然而开放式标准 RIP 需要和支持这些机制的协议向后兼容。因此，RFC 1058 在报文中为其保留了空间，但却要求这些空间恒置为 0。

　　　　　注意：不是所有的 0 域都是为了向后兼容。至少有一个 0 域是为将来的使用而保留的。

4）AFI 域（Address Family Identifier—2 字节）。

地址家族标识（Address Family Identifier，AFI）域指出了 IP 地址域中所出现的地址家族。虽然 RFC 1058 是由 IETF 创建的，主要适用于网际协议（IP），但它的设计提供了和以前版本的兼容性。这意味着它必须提供大量三层地址完成家族的路由信息的传输。也就是说，开放式标准 RIP 需要一种机制来决定其报文中所携带地址的类型。

取值为 2 代表为 IP 地址。

当该报文是对路由器（或主机）的整个路由表进行请求时，这个字段将被设置为 0。

5）互联网络地址域（IP address—4 字节）。

4 字节的互联网络地址域包含一个互联网络地址。这个地址可以是主机、网络，甚至是一个默认网关的地址码。这个域内容变化的两个例子如下：

① 在一个请求报文中，这个域包括报文发送者的地址。

② 在一个应答报文中，这些域将包括报文发送者路由表中存储的 IP 地址。

6）度量值域（Metric—4 字节）。

RIP 报文中的最后一个域是度量值域，这个域包含至地址域所在的网络的度量计数。这个值在经过路由器时被递增。有效的范围是 1 ～ 15。度量标准实际上可以递增至 16，但是这个值对应无效路由。因此，16 是度量值域中的错误值，不在有效范围内。

整个的 RIP 报文大小限制是 512bit。因此，RIP 报文中至多可以出现 25 个 AFI、互联网络地址和度量值。这样允许使用一个 RIP 报文来更新一个路由器中的多个路由表项。包含多个路由表项的 RIP 报文只是简单地重复从 AFI 到度量值的结构，其中包括所有的零域。这个重复的结构通过两个表项的 RIP 报文，如图 10-6 所示。

Command（1）	Version（1）	Must be zero（2）	
Address Family Identifier（2）		Must be zero（2）	
IP address（4）			
Must be zero（4）			
Must be zero（4）			
Metric（4）			
Address Family Identifier（2）		Must be zero（2）	
IP address（4）			
Must be zero（4）			
Must be zero（4）			
Metric（4）			

图 10-6　两个表项的 RIP 报文

地址域可以既包括发送者的地址也包括发送者路由表中的一系列 IP 地址。请求报文含有一个表项并包括请求者的地址。应答报文可以包括至多 25 个 RIP 路由表项。

因此，在大型的 RIP 网络中，对整个路由表的更新请求需要传送多个 RIP 报文。报文到达目的地时不提供序列号；一个路由表项不会分开在两个 RIP 报文中。因此，任何 RIP 报文的内容都是完整的，但有时它们可能仅仅是整个路由表的一个子集。当报文收到时接收节点可以任意处理更新，而不需要对其进行顺序化。

比如，一个 RIP 路由器的路由表中可以包括 100 项。与其他 RIP 路由器共享这些信息需要 4 个 RIP 报文，每个报文包括 25 项。如果一个接收节点首先收到了 4 号报文（包括从 76 ～ 100 的表项），它会首先简单地更新路由表中的对应部分，这些报文之间没有顺序相关性。这样使得 RIP 报文的转发可以省去传输协议如 TCP 所特有的开销。

（3）RIP 版本 2 报文

与 RIP 版本 1 中一样，RIP 版本 2 的更新信息报文可以最多携带 25 条路由，并且也运行在 UDP 端口 520 上，并且可以提供与 RIP 版本 1 的兼容，即 RIP 版本 2 可以理解 RIP 版本 1 的信息报文，RIP 版本 2 报文格式如图 10-7 所示。

Command（1）	Version（1）	Unused（2）
Address Family Identifier（2）		Route tag（2）
IP address（4）		
Subnet mask（4）		
Next Hop（4）		
Metric（4）		

图 10-7 RIP 版本 2 报文格式

1）RIP 版本 2 报文的以下含义与版本 1 相同。

①Metric：度量值到下一路由器的权值。

②Address Family Identifier：地址家族标识指示路由项中的地址种类，对应 IP 这里应为 2。

③IP address：地址域，包括网络类和 IP 地址在内，RIP 报文中对每一网络共有 14 个字节的地址空间。

2）RIP 版本 2 报文的特有属性。

①Route tag：外部路由标记，表示路由是保留还是重播的属性。它提供一种从外部路由中分离内部路由的方法，用于传播从外部路由协议（EGP）获得的路由信息。这个字段被期望用于传递自治系统的标号给外部网关协议以及边界网关协议（BGP）。任何 RIP 系统收到一个包含有非零路由标记字段的 RIP 包时，必须重新对外广播收到的值。而没有路由标记的路由器必须将 0 作为自己的路由标记对外广播。

②Subnet mask：子网掩码，应用于 IP 地址产生非主机部分地址，为 0 时表示不包括子网掩码部分，使得 RIP 能够适应更多的环境。

③Next Hop：下一跳，可以对使用多路由协议的网络环境下的路由进行优化。

④认证：目前支持纯文本的口令形式。

RIP 版本 2 认证表使用一个完整的 RIP 路由项。如果在报文中最初路由项 Address Family Identifier 域的值是 0xFFFF，路由项的剩余部分就是认证。包含认证的 RIP 报文路由项采用如图 10-8 所示的报文格式。

Command（1）	Version（1）	Unused（2）
OxFFFF		Authentication type（2）
Authentication（16）		

图 10-8 RIP 认证报文

如果 RIP 版本 2 路由器接收 RIP 版本 1 路由器的请求，它将以 RIP 版本 1 的响应方式响应。如果路由器被配置成只发送 RIP 版本 2 报文（rip2-only），它将不响应 RIP 版本 1 路由器的请求。

10.4.10 RIP 的运行过程

（1）路由器之间的更新采用广播方式

使用 RIP 的广播式网络中，每台 RIP 路由器都会向全网的终端发送它的路由表信息，期待网络中的所有可能路由器都能得到这个消息。但这样会造成网络效率较低，因为某些不需要收到的终端，如主机和服务器也会不得不收下这个消息并进行识别，如图 10-9 所示。

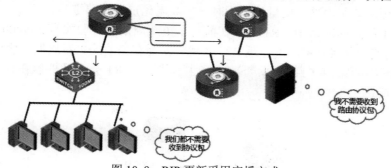

图 10-9 RIP 更新采用广播方式

RIP 的启动是通过在协议配置状态写入 network 命令来完成的，但这个命令包含了两层意思：

① 将这个网络写入 RIP 更新报文中作为一个表项存在。

② 从这个端口向外发送 RIP 更新报文。因此直接启动 RIP 就会使网络中并不需要的终端也收到这样的报文。

优化这种环境的办法是使用直连路由的重分发，这样做，相当于把已经存在于路由表中的直连路由（connected）直接写入 RIP 的报文并通过 network 命令所指定的协议端口发送出去。通常对于路由器只连接终端 PC 而不存在其他路由器的端口，使用直连路由的重分发，对于优化终端网络流量是较好的做法。

（2）定时更新

RIP 以 30s 为周期用 Response 报文广播自己的路由表。

RIP 每隔 30s 向其相邻路由器广播本地路由表，相邻路由器在收到报文后，对本地路由进行维护，使更新的路由最终能达到全网有效。同时，RIP 采用超时机制对过时的路由进行超时处理，以保证路由的实时性和有效性。RIP 作为 IGP 的一种，正是通过这些机制，使路由器能够了解到整个网络的路由信息。

收到邻居发送而来的 Response 报文后，RIP 计算报文中的路由项的度量值，比较其与本地路由表中路由项度量值的差别，更新自己的路由表，如图 10-10 所示。

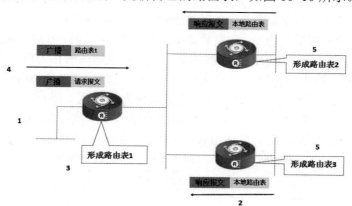

图 10-10 RIP 更新过程

（3）RIP 路由表的更新原则

对本路由表中已有的路由项，当发送报文的网关（下一跳）相同时，不论度量值增大或是减少，都更新该路由项（度量值相同时只将其老化定时器清零）。

如图 10-11 所示的网络中，R1 如果在前一个更新周期中（假如是 3:00:00）收到了来自 R2 对 C 网络的路由（目标 C，下一跳 R2，3 跳），而在当前的更新周期（假如是 3:00:30）收到 R2 对 C 网络的路由（目标 C，下一跳 R2，4 跳），R1 会无条件地在自己的路由包中更新这个路由项。

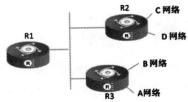

图 10-11　RIP 路由表更新示意图

同理适用于 R2 对 D 网络以及 R3 对 A 网络和 B 网络的更新情况。

对本路由表中已有的路由项，当发送报文的网关（下一跳）不同时，只在度量值减少时，更新该路由项。

如图 10-12 所示，假设在 R1 现有的路由表中对 B 网络的描述如下（目标 B 网络，下一跳 R2，度量值 5 跳），此时收到了来自 R3 的更新报文描述如下（目标 B 网络，下一跳 R3，度量值 5 跳），由于此时的度量值为 5（实际填写到 R1 中应为 5+1），大于当前的度量值，所以 R1 不会更新路由表。

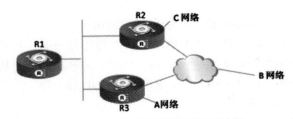

图 10-12　RIP 更新度量值比较过程

在图 10-12 所示的环境中，只有当来自 R3 的更新报文显示到达 B 网络的度量值经过它可以小于等于 3，才可能被 R1 接受，并据此更新 R1 自己的路由表。

对本路由表中不存在的路由项，在度量值小于不可达（16）时，在路由表中增加该路由项；下面的两项与 RIP 路由协议的定时器相关，结合本章前后的相关内容进行理解。

路由表中的每一路由项都对应一个老化定时器，当路由项在 180s 内（6 个更新周期）没有任何更新时，定时器超时，该路由项的度量值变为不可达（16）。

某路由项的度量值变为不可达后，当前路由器以该度量值在 Response 报文中发布四次（120s——4 个更新周期），之后从路由表中清除，如图 10-13 所示。

图 10-13　RIP 路由更新过程

RIP 路由更新计时含义如图 10-14 所示。

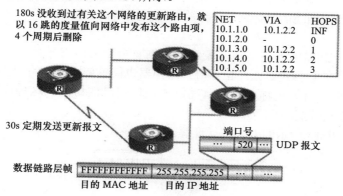

NET	VIA	HOPS
10.1.1.0	10.1.2.2	INF
10.1.2.0	-	0
10.1.3.0	10.1.2.2	1
10.1.4.0	10.1.2.2	2
10.1.5.0	10.1.2.2	3

180s 没收到过有关这个网络的更新路由，就以 16 跳的度量值向网络中发布这个路由项，4 个周期后删除

30s 定期发送更新报文

端口号 520　UDP 报文

数据链路层帧　FFFFFFFFFFFF　255.255.255.255　…　…

目的 MAC 地址　　目的 IP 地址

图 10-14　RIP 路由更新计时含义

（4）使用跳数作为度量值

RIP 使用跳数（Hop Count）来衡量到达目的地的距离，称为路由度量值（Routing Metric）。在 RIP 中，路由器到与它直接相连网络的跳数为 0，通过一个路由器可达的网络的跳数为 1，其余以此类推。为限制收敛时间，RIP 规定 Metric 取值 0 ～ 15 之间的整数，大于或等于 16 的跳数被定义为无穷大，即目的网络或主机不可达。

报文中路由项度量值的计算：metric'=MIN（metric+cost，16），metric 为报文中携带的度量值信息，cost 为接收报文的网络的度量值，默认为 1（1 跳），16 代表不可达。

采用跳数作为度量值虽然简单，但也存在很明显的问题。例如当路由器可以通过超过一条路径到达某网络，而这两条路径的跳数比较和带宽比较结果不同时，RIP 自然选择跳数比较的结果最小的那一条写入路由表，但数据实际转发时，快慢却是由带宽因素决定的，在这种情况下，RIP 的弊端表现得很明显。

（5）有类别路由选择

有类别路由协议的一个基本特征是，在通告目的地址时不能一起通告它的地址掩码，因此，有类别路由协议首先必须匹配一个与该目的地址对应的 A 类、B 类或 C 类的主网络号。对于每一个通过这台路由器的数据包来说，如果目的地址是一个和路由器直接相连的主网络的成员，那么该网络的路由器接口上配置的子网掩码将被用来确定目的地址的子网。因此，在该主网络中必须自始至终地统一使用这个相同的子网掩码。

如果目的地址不是一个和路由器直接相连的主网络的成员，那么路由器将尝试去匹配该目的地址对应的 A 类、B 类或 C 类的主网络号。

RIP（版本 1）的响应报文中并没有与路由项一起通告子网掩码，当然路由器中也没有和单独的子网相关联的掩码。因此，RIP 路由器唯一能够确认一个路由项中代表的网络的方法就是使用默认的 A、B、C 类划分方法，因为这种分类是包含在 IP 地址信息中的。

需要注意的是，当使用 RIP 启动命令启动 RIP 向外通告某些网络段给周围邻居时，如果没有明确指明 RIP 的版本，默认是使用版本 1 的，这时，即便为启动版本 2 做了准备——在 network 命令后增加了子网掩码的信息，在 RIP 发送更新（响应）报文时也会自动为这些 network 命令后的网络划分类别，并将划分类别的网络号写入报文的地址域中。

通常，如果需要让 RIP 可以支持子网的发布，需要在协议配置模式增加命令：no auto-summary，并且只有版本 2 才能支持不再自动汇总地址类别。

于是，当 RIP 路由器从邻居那里收到了一个路由表项后，只能根据表项中的网络地址字段判断这个路由项所描述的目标网络，并将这样的网络信息提取后作为更新自己路由表的索引项。

可以理解，在 RIP 路由器中，转发表都是根据有类别的网络号列出的，即使当一个目的地址完全被子网化的数据包进入路由器时，路由器也仅仅依照其与路由表中有类网络的匹配来选择出口。因此，有人也称 RIP 为自动汇总地址信息的协议，这种说法是与其不发布地址的掩码信息息息相关的。

可以按照如图 10-15 所示的方式进行理解。

图 10-15　RIP 有类路由更新

路由汇总的功能在路由器作为网络边界路由器时，非常有用，如图 10-16 所示为一个典型的边界网络路由器，路由汇总可以将边界网络的路由信息极大地简化，从而提高路由查询的效率。

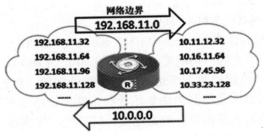

图 10-16　路由汇总示意

通过图 10-16 这台路由器的汇总，其左侧路由器会认为所有 10.0.0.0 这个 A 类地址都处于这台路由器的右侧，因此，当有去往 10 这个 A 类网络的数据包时，都将这台路由器作为下一跳。这样，左侧路由器的路由表将会简化。

需要注意的是，使用这种汇总时，需要对 IP 地址进行合理的规划，原则就是：将所有可汇聚成一个大网络的地址全部分配给路由器的某一侧，尽量不要出现在路由器的不同方向上。否则将引起路由混乱而影响网络连通性。如图 10-17 所示，是一个混乱的路由环境，此环境中路由的自动汇总功能将严重影响网络连通性。

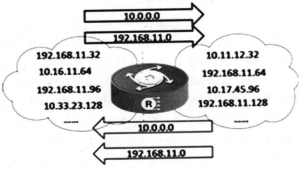

图 10-17　混乱的路由环境

10.4.11　RIP 的主要缺点

（1）支持站点的数量有限

RIP 规定了如果一条路径的跳数达到了 16 跳，就会被 RIP 认为不可达。这就使得 RIP 只适用于较小的环境，如只用于大多数校园网及结构较简单的连续性强的地区性网络。

这是因为，RIP 有形成路由环路的可能性，为了避免路由环路一直存在于网络中，RIP 规定一旦超过 16 跳的路径就被定为不可达（因为它有可能就是路由环路）。

（2）依靠简单度量计算路由

RIP 不能根据链路的快慢来决定最优路径，而是简单地根据跳数来决定最优路由。这就使得有时高带宽但经过很多的路由的路径不能被选为最优，反而是低带宽的路径被写入了路由表，造成数据传输的延迟和滞后。RIP 的简单度量如图 10-18 所示。

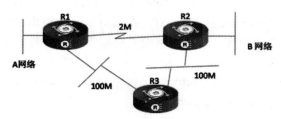

图 10-18　RIP 的简单度量

对 R1 路由器而言，去往非直连的 B 网络的路径有两条，分别是（R2，1 跳）和（R3，2 跳），根据 RIP 的度量值——跳数选择，R1 一定会将 R2 作为去往 B 网络的下一跳。但实际情况是经过 R3 会更快些。

（3）路由表更新信息将占用较大的网络带宽

RIP 每 30s 就向外广播发送路由更新信息。另外，RIP 将整个路由表的信息向所有邻居路由器广播，路由表的信息有可能很大，有的甚至要用 10 个或更多的 RIP 报文才能发送完成。这样在广播式的网络中，将占用很大的网络带宽来发送这些路由信息，造成正常数据的发送延迟。

10.5　OSPF 路由协议

10.5.1　链路状态路由协议概述

10-3　OSPF 路由协议

链路状态路由协议使运行它的路由器与其他所有路由器互换有关其所连接的链路状态信息，这种信息是客观的，不带有传递者的转化内容，完全是对每台路由器周边连接链路的客观状态的描述。

通过每台路由器的相互传递，链路状态（link state）路由协议在每一个路由器上建立一个拓扑数据库；描述每一个路由器与周边路由器之间的链路以及路由器的邻居信息等。就是说每个路由器都建立一个网络的完整地图。然后用 SPF 算法（也称 Dijkstra 算法）来处理数据库，选择一个最佳路径放置到路由表中。详细的拓扑信息和 Dijkstra 算法使得链路状态协议能够避免循环和快速收敛。

作为链路状态路由协议的典型应用，OSPF 协议也维护邻居表和拓扑数据库（相同区域中的每个 OSPF 路由器都维持一个整个区域的拓扑数据库，并且都是相同的），并且根据拓扑数据库通过 Dijkstra 或 SPF（Shortest Path First）算法以自己作为根节点计算出最短路径树。由于一旦某个链路状态有变化，区域中所有 OSPF 路由器必须再次同步拓扑数据库，并重新计算最短路径树，所以会使用大量 CPU 和内存资源。然而 OSPF 不像 RIP 操作那样使用广播发送路由更新，而是使用组播技术发布路由更新，并且只是发送有变化的链路状态更新（路由器会在每 30min 发送链路状态的概要信息），所以 OSPF 会更加节省网络链路带宽。

10.5.2　OSPF 协议的特性

本节将以 OSPF 路由协议为例，阐述有关链路状态路由协议的相关技术实现。

SPF 算法是 OSPF 路由协议的基础。SPF 算法有时也被称为 Dijkstra 算法，这是因为最短路径优先算法 SPF 是 Dijkstra 发明的。SPF 算法将每一个路由器作为根（ROOT）来计算其到每一个目的地路由器的距离，每一个路由器根据一个统一的数据库会计算出路由域的拓扑结构图，该结构图类似于一棵树，在 SPF 算法中，被称为最短路径树。在 OSPF 路由协议中，最短路径树的树干长度，即 OSPF 路由器至每一个目的地路由器的距离，称为 OSPF 的 Cost，其算法为：Cost=100M/ 链路带宽。

在这里，链路带宽以 bit/s 来表示。也就是说，OSPF 的 Cost 与链路的带宽成反比，带宽越高，Cost 越小，表示 OSPF 到目的地的距离越近。举例来说，FDDI 或快速以太网的 Cost 为 1，2M/bit/s 串行链路的 Cost 为 48，10Mbit/s 以太网的 Cost 为 10 等。

10.5.3　OSPF 支持的网络类型

- 广播多路访问（Broadcast MultiAccess）：例如，以太网、令牌环、FDDI。
- 点到点（Point-to-Point）：例如串行链路。
- 点到多点（Point-to-MultiPoint）：处于非全网状连接的 X.25 和帧中继。
- 非广播多路访问（NBMA，Non-BroadCast MultiAccess）：例如，构成全网状连接的 X.25 和帧中继。

OSPF 在这些类型的网络上操作大都不同。例如，在广播多路访问的介质中，为了减少每对路由器之间都需要建立邻居关系而带来的路由器资源和带宽资源的耗费，需要选定指定路由器（DR，Designated Router）和备份的指定路由器（BDR，Backup Designated Router），其他的所有路由器只需要和这些 DR 和 BDR 建立邻居关系就可以了（注意，这一点和 IS-IS 中是不同的），从而大大减少了需要建立的邻居关系。

10.5.4　OSPF 链路状态公告类型

OSPF 路由器之间交换链路状态公告（LSA）信息。OSPF 的 LSA 中包含连接的接口、使用的 Metric 及其他变量信息。OSPF 路由器收集链接状态信息并使用 SPF 算法来计算到各节点的最短路径。LSA 也有几种不同功能的报文，在这里简单地介绍一下。

LSA TYPE 1：由每台路由器为所属的区域产生的 LSA，描述本区域路由器链路到该区域的状态和代价。一个边界路由器可能产生多个 LSA TYPE 1。

LSA TYPE 2：由 DR 产生，含有连接某个区域路由器的所有链路状态和代价信息。只有 DR 可以监测该信息。

LSA TYPE 3：由 ABR 产生，含有 ABR 与本地内部路由器连接信息，可以描述本区域到主干区域的链路信息。它通常汇总默认路由而不是传送汇总的 OSPF 信息给其他网络。

LSA TYPE 4：由 ABR 产生，由主干区域发送到其他 ABR，含有 ASBR 的链路信息，与 LSA TYPE 3 的区别在于 LAS TYPE 4 描述到 OSPF 网络的外部路由，而 LAS TYPE 3 则描述区域内路由。

LSA TYPE 5：由 ASBR 产生，含有关于自治域外的链路信息。除了存根区域和完全存根区域，LSA TYPE 5 在整个网络中发送。

LSA TYPE 7：由 ASBR 产生的关于 NSSA 的信息。LSA TYPE 7 可以转换为 LSA TYPE 5。

因为 OSPF 属于无类别路由协议，所以支持 VLSM 和 CIDR，并且能够进行路由汇总，但是有一定的局限性，就是路由汇总（可以是自动汇总也可以是手动汇总）只能够在区域的边界路由器（ABR，Area Border Router）上和自治系统的边界路由器（ASBR，Autonomous System Boundary Router）上进行，并不能像 EIGRP 那样在网络任何地方进行路由汇总。这样就引出了 OSPF 的另一个缺点，就是对于网络初始设计时的要求非常高，网络必须是结构化良好的，IP 地址规划非常良好才能够正确地在区域边界或自治系统边界进行汇总。所以 OSPF 相对于其他路由协议而言要更难设计和配置。

OSPF 还支持对路由更新的认证，通过使用 MD5 算法，只有经过认证的路由器之间才能共享路由信息，提高了网络的安全性。出于安全性的考虑，建议在大型网络中使用这个特性。

10.5.5　OSPF 协议的操作

第一步：建立路由器的邻接关系

所谓"邻接关系"（Adjacency）是指 OSPF 路由器以交换路由信息为目的，在所选择的相邻路由器之间建立的一种关系。

路由器首先发送拥有自身 ID 信息（Loopback 端口或最大的 IP 地址）的 Hello 报文。与之相邻的路由器如果收到这个 Hello 报文，就将这个报文内的 ID 信息加入到自己的 Hello 报文内。

如果路由器的某端口收到从其他路由器发送的含有自身 ID 信息的 Hello 报文，则它根据该端口所在网络类型确定是否可以建立邻接关系。

在点对点网络中，路由器将直接和对端路由器建立起邻接关系，并且该路由器将直接进入到第三步操作：发现其他路由器。若为 MultiAccess 网络，则该路由器将进入选举步骤。

第二步：选举 DR/BDR

不同类型的网络选举 DR 和 BDR 的方式不同。

MultiAccess 网络支持多个路由器，在这种状况下，OSPF 需要建立起作为链路状态和 LSA 更新的中心节点。选举利用 Hello 报文内的 ID 和优先权（Priority）字段值来确定。优先权字段值大小从 0 ～ 255，优先权值最高的路由器成为 DR。如果优先权值大小一样，则 ID 值最高的路由器选举为 DR，优先权值次高的路由器选举为 BDR。优先权值和 ID 值都可以直接设置。

第三步：发现路由器

在这个步骤中，路由器与路由器之间首先利用 Hello 报文的 ID 信息确认主从关系，然后主、从路由器相互交换部分链路状态信息。每个路由器对信息进行分析比较，如果收到的信息有新的内容，路由器将要求对方发送完整的链路状态信息。这个状态完成后，路由器之间建立完全相邻（Full Adjacency）关系，同时邻接路由器拥有自己独立的、完整的链路状态数据库。

第四步：选择适当的路由器

当一个路由器拥有完整独立的链路状态数据库后，它将采用 SPF 算法计算并创建路由表。OSPF 路由器依据链路状态数据库的内容，独立地用 SPF 算法计算出到每一个目的网络的路径，并将路径存入路由表中。

OSPF 利用花销（Cost）计算目的路径，Cost 最小者即为最短路径。在配置 OSPF 路由器时可根据实际情况，如链路带宽、时延或经济上的费用设置链路 Cost。Cost 越小，则该链路被选为路由的可能性越大。

第五步：维护路由信息

当链路状态发生变化时，OSPF 通过 Flooding 过程通告网络上其他路由器。OSPF 路由器接收到包含有新信息的链路状态更新报文，将更新自己的链路状态数据库，然后用 SPF 算法重新计算路由表。在重新计算的过程中，路由器继续使用旧路由表，直到 SPF 完成新的路由表计算。新的链路状态信息将发送给其他路由器。值得注意的是，即使链路状态没有发生改变，OSPF 路由信息也会自动更新，默认时间为 30min。

10.5.6　OSPF 协议的配置及注意事项

启用 OSPF 协议进程时，需要指明本进程号，注意它不标识自治系统号，只是区分本路由器中不同的 OSPF 协议进程的。

使用 network 命令时，后面的参数除应写明本路由器所有参与 OSPF 协议进程的网段之外，还需要指出本网段的子网掩码，并进一步指明本网段所处的区域，这有助于进行多区域 OSPF 的配置。

下面看看使用 OSPF 协议进行配置后，得到的路由表，如图 10-19 和图 10-20 所示。

```
RouterA#config
RouterA_config#router ospf 1
RouterA_config_ospf_1#network 192.168.2.0 255.255.255.0 area 0
RouterA_config_ospf_1#network 192.168.4.0 255.255.255.0 area 0
RouterA_config_ospf_1#exit
RouterA_config#exit
RouterA#show ip route
Codes: C - connected, S - static, R - RIP, B - BGP
       D - DEIGRP, DEX - external DEIGRP, O - OSPF, OIA - OSPF inter area
       ON1 - OSPF NSSA external type 1, ON2 - OSPF NSSA external type 2
       OE1 - OSPF external type 1, OE2 - OSPF external type 2

C    192.168.2.0/24      is directly connected, Serial2/0
O    192.168.3.0/24      [110,1601] via 192.168.2.2(on  Serial2/0)
C    192.168.4.0/24      is directly connected, FastEthernet0/0
RouterA#
```

图 10-19　RouterA 的 OSPF 协议配置

```
RouterB#config
RouterB_config#router ospf 1
RouterB_config_ospf_1#network 192.168.2.0 255.255.255.0 area 0
RouterB_config_ospf_1#network 192.168.3.0 255.255.255.0 area 0
RouterB_config_ospf_1#exit
RouterB_config#exit
RouterB#show ip route
Codes: C - connected, S - static, R - RIP, B - BGP
       D - DEIGRP, DEX - external DEIGRP, O - OSPF, OIA - OSPF inter area
       ON1 - OSPF NSSA external type 1, ON2 - OSPF NSSA external type 2
       OE1 - OSPF external type 1, OE2 - OSPF external type 2

C    192.168.2.0/24     is directly connected,  Serial1/0
C    192.168.3.0/24     is directly connected,  FastEthernet0/0
O    192.168.4.0/24     [110,1601] via 192.168.2.1(on  Serial1/0)
RouterB#
```

图 10-20　RouterB 的 OSPF 协议配置

需要注意的是，在广播式的网络如局域网中，我们按照如上的配置，OSPF 协议即可正常工作，但当 OSPF 协议所涉及的端口中包括封装了帧中继协议的端口时，在这些端口中将需要做特殊的配置。路由器在这些端口对应的网段中需要手动配置邻居，即必须使用 neighbor，而不能使用 network，而且在路由协议配置模式中完成配置任务之后，必须再进入到特殊的帧中继端口配置模式，指定此网络在 OSPF 协议中的网络类型，如下所示：

Router_config#interface serial 1/1

Router_config_s1/1# ip ospf network non-broadcast

由上面的动态路由配置实例我们了解到，使用动态路由协议进行路由的配置，只需要将此路由器所直连的网络添加进路由协议的参数中即可，而不必指定每条路由的下一步地址，相对来说，配置过程会相对简单一些。但我们应该清楚，路由协议在路由器之间交换信息，在复杂的网络环境中会出现各种各样的未知状况，一旦发现常规的配置无法实现互通的目的，则需要对路由协议的参数进行适当的调整。

第11章　广域网连接

11.1　点对点协议

11-1　点对点协议

点到点协议（point-to-point protocol，PPP）是为在同等单元之间传输数据包这样的简单链路设计的链路层协议。这种链路提供全双工操作，并按照顺序传递数据包。设计目的主要是用于通过拨号或专线方式建立点对点连接发送数据，使其成为各种主机、网桥和路由器之间简单连接的一种共通的解决方案。

11.1.1　PPP 链路建立过程

PPP 中提供了一整套方案来解决链路建立、维护、拆除、上层协议协商、认证等问题。PPP 包含以下几个部分：

- 链路控制协议（Link Control Protocol，LCP）。
- 网络控制协议（Network Control Protocol，NCP）。
- 认证协议，最常用的包括口令验证协议（Password Authentication Protocol，PAP）和挑战握手验证协议（Challenge-Handshake Authentication Protocol，CHAP）。

LCP 负责创建、维护或终止一次物理连接。NCP 是一族协议，负责解决物理连接上运行什么网络协议，以及解决上层网络协议发生的问题。

PPP 链路建立的过程，如图 11-1 所示。

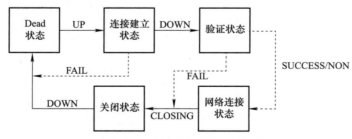

图 11-1　PPP 链路建立的过程

一个典型的链路建立过程分为 3 个阶段：创建阶段、认证阶段和网络协商阶段。

阶段 1：创建 PPP 链路。

LCP 负责创建链路。在这个阶段，将对基本的通信方式进行选择。链路两端设备通过 LCP 向对方发送配置信息包（configure packets）。一旦配置成功信息包（configure-ack packet）被发送且被接收，就完成了交换，进入了 LCP 开启状态。

在链路创建阶段，只是对验证协议进行选择，用户验证将在第 2 阶段实现。

阶段 2：用户验证。

在这个阶段，客户端会将自己的身份发送给远端的接入服务器。该阶段使用一种安全验证方式避免第三方窃取数据或冒充远程客户接管与客户端的连接。在认证完成之前，禁止从认证阶段前进到网络层协议阶段。如果认证失败，认证者应该跃迁到链路终止阶段。

在这一阶段里，只有链路控制协议、认证协议和链路质量监视协议的包是被允许的。在该阶段里接收到的其他的包必须被丢弃。

最常用的认证协议有密码验证协议（PAP）和挑战握手验证协议（CHAP）。

阶段 3：调用网络层协议。

认证阶段完成之后，PPP 将调用在链路创建阶段（阶段 1）选定的各种网络控制协议（NCP）。选定的 NCP 解决 PPP 链路之上的高层协议问题。例如，在该阶段 IP 控制协议（IPCP）可以向拨入用户分配动态地址。

这样，经过三个阶段以后，一条完整的 PPP 链路就建立起来了。

11.1.2 认证方式

（1）密码验证协议（PAP）

PAP 验证为两次握手验证，密码为明文，PAP 验证的过程如图 11-2 所示。

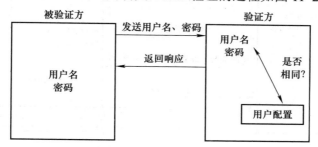

图 11-2 PAP 报文交互过程

1）被验证方发送用户名和密码到验证方。

2）验证方根据用户配置查看是否有此用户以及密码是否正确，然后返回不同的响应（ACK 或 NACK）。

如正确则会给对端发送 ACK 报文，通告对端已被允许进入下一阶段协商；否则发送 NACK 报文，通告对端验证失败。此时，并不会直接将链路关闭，只有当验证不过次数达到一定值时（默认为 4），才会关闭链路，来防止因误传、网络干扰等造成不必要的 LCP 重新协商过程。

PAP 的特点是在网络上以明文的方式传递用户名及密码，如在传输过程中被截获，便有可能对网络安全造成极大的威胁。因此，PAP 不能防范再生和错误重试攻击。它适用于对网络安全要求相对较低的环境。

（2）挑战握手验证协议（CHAP）

CHAP 是一种加密的验证方式，能够避免建立连接时传送用户的真实密码。

CHAP 对 PAP 进行了改进，不再直接通过链路发送明文密码，而是使用挑战报文以哈希算法对用户信息进行加密。因为服务器端存有客户的身份验证信息，所以服务器可以重复客户端进行的操作，并将操作结果与用户返回的挑战报文内容进行比较。CHAP为每一次验证任意生成一个挑战字串来防止受到再现攻击（replay attack）。在整个连接过程中，CHAP将不定时地向客户端重复发送挑战报文，从而避免第三方冒充远程客户（remote client impersonation）进行攻击。

CHAP验证为三次握手验证，不直接传输用户密码，CHAP报文交互过程如图11-3所示。

1）在通信双方链路建立阶段完成后，验证方（authenticator）向被验证方（peer）发送一个挑战字符串（challenge）消息。

2）被验证方向验证方发回一个响应（response），该响应由单向散列函数计算得出，单向散列函数的输入参数由本次验证的标识符、密码（secret）和挑战字符串等内容构成。

3）验证方将收到的响应与它自己根据验证标识符、密码和挑战字符串计算出的散列函数值进行比较，若相符则验证通过，向被验证方发送"成功"消息，否则，发送"失败"消息，断开连接。

CHAP采用的单向散列函数算法可保证由已知的提问和响应无法计算出密码。同时由于验证方的挑战值每次都不一样，而且是不可预测的，因而具有很好的安全性。

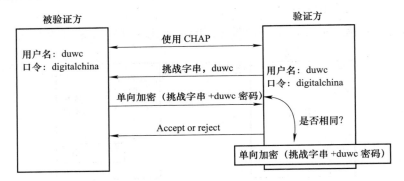

图11-3　CHAP报文交互过程

11.1.3　PPP 的应用

PPP是广域网上应用最广泛的协议之一，它的优点在于简单、具备用户验证能力、可以解决IP分配等。

家庭拨号上网就是通过PPP在用户端和运营商的接入服务器之间建立通信链路。在宽带接入技术日新月异的今天，PPP也衍生出新的应用。典型的应用是在ADSL（Asymmetrical Digital Subscriber Loop，非对称数据用户环线）接入方式当中，PPP与其他的协议共同派生出了符合宽带接入要求的新协议，如PPPoE（PPP over Ethernet）、PPPoA（PPP over ATM）等。

利用以太网（Ethernet）资源，在以太网上运行PPP来进行用户认证接入的方式称为PPPoE。PPPoE既保护了用户方的以太网资源，又完成了ADSL的接入要求，是目前ADSL接入方式中应用最广泛的技术标准。

同样，在ATM（Asynchronous Transfer Mode，异步传输模式）网络上运行PPP来管理用户认证的方式称为PPPoA。它与PPPoE的原理相同，作用相同；不同的是它是在ATM网络上，而PPPoE是在以太网网络上运行，所以要分别适应ATM标准和以太网标准。

PPP 的简单完整使它得到了广泛的应用，相信在未来的网络技术发展中，它还可以发挥更大的作用。

回顾前面对 PPP 认证过程的讨论，配置同步串口的 PPP 封装验证方法如图 11-4 所示。

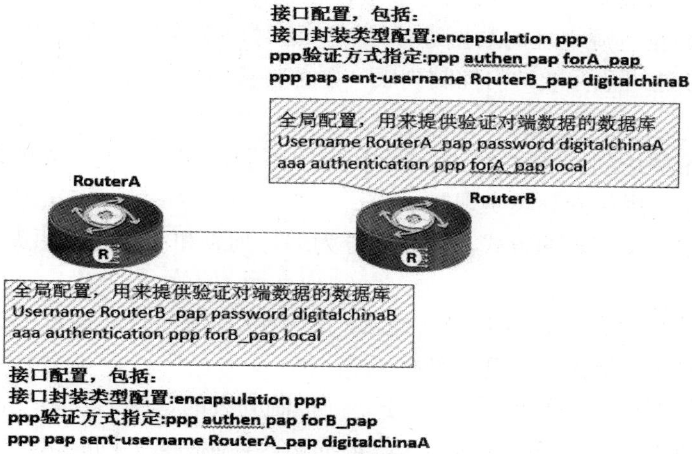

接口配置，包括：
接口封装类型配置:encapsulation ppp
ppp验证方式指定:ppp authen pap forA_pap
ppp pap sent-username RouterB_pap digitalchinaB

全局配置，用来提供验证对端数据的数据库
Username RouterA_pap password digitalchinaA
aaa authentication ppp forA_pap local

 RouterA

RouterB

全局配置，用来提供验证对端数据的数据库
Username RouterB_pap password digitalchinaB
aaa authentication ppp forB_pap local

接口配置，包括：
接口封装类型配置:encapsulation ppp
ppp验证方式指定:ppp authen pap forB_pap
ppp pap sent-username RouterA_pap digitalchinaA

图 11-4　配置同步串口的 PPP 封装验证方法

图 11-4 中，箭头所指向的位置是用来验证发送来的用户名与密码的正确性，因此它必须与对端的发送配置相匹配，在 PPP 的封装配置中，主要任务如下。

1）在全局配置模式下配置本地验证数据库的条目，即用户名与密码的列表。

2）在接口配置模式下配置接口参数，包括：

① 接口封装类型配置。

② PPP 验证方式指定。

③ 所指定的 PPP 验证方式需要发送的用户名和必要的密码。

注意：在实验室的环境下，通常选择 DCE 电缆来连接一台路由器模拟真实广域网环境的时钟信号，因此在连接 DCE 电缆的路由器接口上需要使用命令配置时钟信号。

11.2　ACL 控制访问列表

访问控制列表（Access-list）是依据数据特征实施通过或阻止决定的过程控制方法，在设备中需要定义一个列表，并在此基础上实施到具体的端口中才能够实现控制。

11-2　ACL 控制
访问列表

首先，要了解如何定义一个访问控制列表。

按照定义一个数据包的特征精细程度，可以将访问控制列表分为标准访问控制列表和扩展访问控制列表两类。

11.2.1　标准访问控制列表

标准访问控制列表仅定义特征数据包的源地址，换句话说，只要是从相同的一个或一段源地址发出的数据就被标准访问控制列表判断为符合标准。例如 A、B、C 三个地址段的终端分别在一台路由设备的三个端口处连接，在设备中定义了一个标准的访问控制列表，其主要对以 A 为数据包源地址的数据进行控制，这时，不论是从 A 到 C 的数据还是从 A 到 B 的数据，只要经过这个标准访问控制列表，则都将被路由设备认定为符合控制标准的，做相同的处理。

这时，如果希望达到 A 到 C 可通，而 A 到 B 不通，在不改变列表的前提下，我们只能通过在不同的接口应用相同列表实现了。

根据在设备中定义列表的方式，列表可分为编号列表和命名列表两类。

（1）编号法

编号法以数值代表访问控制列表。通常，1 ～ 99 的编号代表标准的访问控制列表。其定义过程涉及的要素主要由以下几个部分组成。

Access-list 关键字：表明这是一个对于访问控制列表的定义。

数值：x，取值 1 ～ 99，表明这是一个标准的访问控制列表，同时也定义了列表的名字 x。

Permit/deny：表明当前定义的这个列表项对特征数据包的控制动作是允许还是拒绝。

IP 地址 / 掩码（屏蔽码）：指特征数据的源地址以及特征数据段的对应掩码或屏蔽码。

注意：屏蔽码的定义与掩码不同，它也是一个点分十进制数表示的一个 32 位的二进制值，其中屏蔽码中为 0 的位表示匹配的 IP 地址中相对应的位必须精确匹配；为 1 的位代表模糊处理，即不匹配也不影响列表对特征数据的判断。

需要注意的是，如果需要对很多不同源数据进行控制，可以使用相同的 x 增加一个列表项即可，即当写下了两句相同列表值的列表配置命令之后，将会形成对应的两条列表项，而不是第二条覆盖第一条。

列表的形成完全依赖写入的先后顺序，先写入的自然在第一条，依次排列。列表对进入的数据进行匹配查询时也是按照从上到下的顺序，一旦找到对应的列表项即退出列表不再往下继续查询。这时，如果定义列表时没有将小范围源地址放在列表的前几项，而是把整个大范围的网络采取的动作写入了列表的前面，就会使设备形成错误的判断。例如，当设备需要对 A 网段的 a 主机特殊照顾允许其通过检查，而对除 a 之外的主机进行限行处理时，列表 1 和列表 2 将会产生完全不同的结果。

列表 1 定义：access-list 1 permit a　255.255.255.255

　　　　　　　access-list 1 deny A　　A 网段的网络掩码

列表 2 定义：access-list 2 deny A　　A 网段的网络掩码

　　　　　　　access-list 2 permit a　255.255.255.255

这时，由于 A 包含了 a，所以当 a 数据到达设备进行检查时，如果在列表 2 的作用下，

a 会因为已经匹配了此列表的第一个列表项而退出列表，不再进行下面的列表项查询，因此列表 2 将无法达到 a 主机的特权设置。但列表 1 则可以实现此目的。

（2）命名法

由于数值表示的访问控制列表在对列表进行改动时无法将其中的某条删除，这样当我们需要对访问列表的某条进行更改时，只能先将整个列表一同删除，再一条一条将正确的列表项写入。而且数值表示的列表很不直观，一段时间之后，网管也容易忘记当时配置访问列表的目的为何，因此，在设备实现中可以采用另外一种方式配置。这就是命名的访问控制列表。

命名的列表配置分两个步骤进行：一是创建一个列表并进入到列表配置模式；二是在独立的模式中配置具体列表项。整个过程如下所示：

```
Router_config#ip access-list standard for_test
Router_config_std_nacl#
// 定义了一个标准的访问控制列表，其名字为 for_test，并进入到这个列表配置模式
Router_config_std_nacl#permit 1.1.1.1 255.255.255.0
// 定义这个列表的第一个列表项是允许了 1.1.1.0 为源地址的所有数据包通过
```

命名的列表与编号的列表本质上是一致的，只是在具体的操作环节有一点差异。命名的方法对列表的修改显得稍为灵活一些，可以独立删除某一个列表项，不必删除全部的。

但无论是编号的还是命名的访问控制列表，都不能对列表项进行修改覆盖，而只能添加，并且它们也只能将新的列表项添加在已有列表的最后，不能插入，所以当删除了命名列表的某项之后，新添加的列表项是处于整个列表的最末位置的。

11.2.2　扩展访问控制列表

扩展访问控制列表除依据源地址之外，还根据目的地址、协议类型以及协议端口号来定义一个特征数据包，换句话说，只有从特定网段发出去往特定网络的特定协议的数据才被定义为特征数据包。例如，A、B、C 三个地址段的终端分别在一台路由设备的三个端口处连接，在设备中定义了一个扩展的访问控制列表，其主要对以 A 为数据包源地址的去往 C 的某协议的数据进行控制，这时，只有源地址为 A，目的地址为 C 而且同时协议类型符合列表值的数据才会做相应的处置。

需要注意的是，不论对标准的还是扩展的访问控制列表，只要定义了一个列表，其列表项的最后一条永远是系统添加的隐含的 deny 所有。因此当我们定义了一个列表，并在列表中写满 deny 的语句之后，这个列表就如同一个网络断路一样。如果需要对个别数据进行拒绝处理，对其他数据放行，则需要在访问列表中手工输入最后一个表项 permit any，它将处于那个隐含的 deny any 之前，也就屏蔽掉了最后的拒绝所有的操作。

列表在设备中定义好之后，就如同已经在屋子里搬进来了一个纱窗，但要让这个纱窗可以挡住害虫，需要将纱窗安装到具体的窗户上。接下来，我们进一步在具体端口上应用一个已定义好的访问控制列表。

11.2.3　"进端口"与"出端口"判断

数据经过网络设备时，总是需要从一个端口进入，而从另一个端口发出。在应用访问

控制列表的时候，要在应用列表的同时告诉端口是对进入的数据进行检查还是对出去的数据进行判断。

首先观察路由器端口，如图 11-5 所示。

图 11-5　路由器端口

在路由器的两个端口分别连接了网段 A 和网段 B，当在路由器中定义了一个访问控制列表，其控制的数据包源地址指定为网段 A 时，如何判断应用在端口 1 什么方向进行检查呢？

我们不妨通过一个箭头线代表数据包的访问方向，也就是访问控制列表中定义的数据访问方向，如图 11-6 所示。

图 11-6　用箭头线代表数据包的访问方向

接下来，我们沿着这个箭头线查看其可能经过的路由设备端口，数据是从端口 1 进入，从端口 2 出设备，因此，可以确定的是，如果将列表应用于端口 1，则一定是在"进端口"时进行判断，如果应用于端口 2，则一定是在"出端口"时进行判断。

在端口中应用的操作可以依照下面的方式进行：

```
Router_config#interface fastethernet 0/0
Router_config_f0/0#ip access-group for_test in
Router_config_f0/0#
```

以上的命令在快速以太网接口 0/0 中应用了一个已定义的列表：for_test（如前描述的方式），并指明在数据进入端口时进行匹配查看。

值得注意的是，访问控制列表的应用方向极为重要，如果将前面例子中应用列表的方向做反，比如应用于端口 1 时指明在出端口的数据进行匹配查找，这时由于出端口的数据不存在源地址是 A 的，因此访问列表将形同虚设。

有时在企业网络安全技术中，实施错误的安全配置反倒比没有实施安全配置更不安全，因为它本身就是一个安全隐患。

11.2.4　标准列表建议应用

在前面的讨论中，我们得知基于源地址的标准访问控制列表只能根据源地址控制数据包，一旦源地址匹配即执行控制动作。

根据这样的原则，我们假定将标准列表应用在接近源地址的部分进行入口检测，此时可以参考图 11-7 进行理解。

此时，我们使用标准列表控制 A 到 C 可通，而 A 到 B 不通。列表定义之后（一条拒绝 A，一条允许所有）应用在端口 1 进行入口检测时，我们发现，其实从 A 到 C 也被拒绝了，这是因为 A 到 C 的数据也将匹配源地址为 A 的列表项。那如何才能实现呢？

我们可以将定义好的列表分别应用在端口 2、端口 3 进行出口检测，这样数据到达 B 时端口 3 会根据列表控制拒绝通过，而端口 2 并不检查，于是可以通过到达 C。

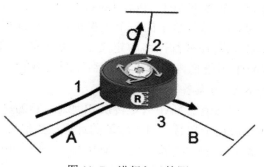

图 11-7　进行入口检测

根据上面的分析，不难总结出：当使用标准访问控制列表实施安全策略时，为了满足灵活应用的需要，往往将标准访问控制列表应用在距离特征数据目的较近的端口处进行出口检测。

11.2.5　扩展列表建议应用

对于标准列表，由于不能根据目的地址判断是否需要进行访问控制，因此需要与应用位置配合完成访问控制列表的实施，那么扩展的列表可以依据众多的条件筛选受控数据，是否不需要考虑在哪个端口应用才能满足需求呢？的确，如果单纯考虑能否满足需求，扩展的访问列表可以应用在任何端口，只要出入方向设置合理，即可完成最基本的目标。但此时如果考虑网络整体性能，则不难发现，与其让一个受控数据在没到最后一步的时候在网络设备里任意地占用系统的资源，还不如将这样的数据从进入设备开始就丢弃掉，这样对网络设备本身或者可能的后续网络传输过程都是一个不错的选择。

因此，在这里，我们建议，实施扩展访问控制列表的时候，在所有应用选择都可以满足基本要求的前提下，选择距离源地址较近的端口进行入口控制。

11.3　网络地址转换 NAT

11-3　网络地址
转换 NAT

11.3.1　NAT 技术基本原理

NAT 技术能帮助解决令人头痛的 IP 地址紧缺的问题，而且能使得内外网络隔离，提供一定的网络安全保障。它解决问题的办法是：在内部网络中使用内部地址，通过 NAT 把内部地址翻译成合法的 IP 地址在 Internet 上使用，其具体的做法是把 IP 包内的地址域用合法的 IP 地址来替换。NAT 功能通常被集成到路由器、防火墙、ISDN 路由器或者单独的 NAT 设备中。NAT 设备维护一个状态表，用来把非法的 IP 地址映射到合法的 IP 地址上去。每个包在 NAT 设备中都被翻译成正确的 IP 地址，发往下一跳，这意味着给处理器带来了一定的负担。但对于一般的网络来说，这种负担是微不足道的。

11.3.2　NAT 技术的类型

NAT 技术有三种类型：静态 NAT（Static NAT）、动态 NAT（Pooled NAT）、网络地

址端口转换 NAPT（Port-Level NAPT）。其中静态 NAT 设置起来是最简单和最容易实现的一种，内部网络中的每个主机都被永久映射成外部网络中的某个合法的地址。而动态地址 NAT 则是在外部网络中定义了一系列的合法地址，采用动态分配的方法映射到内部网络。NAPT 则是把内部地址映射到外部网络的一个 IP 地址的不同端口上。根据不同的需要，三种 NAT 方案各有利弊。

动态地址 NAT 只是转换 IP 地址，它为每一个内部的 IP 地址分配一个临时的外部 IP 地址，主要应用于拨号，对于频繁的远程连接也可以采用动态 NAT。当远程用户连接上之后，动态地址 NAT 就会分配给它一个 IP 地址，用户断开时，这个 IP 地址就会被释放而留待以后使用。

网络地址端口转换 NAPT（Network Address Port Translation）是人们比较熟悉的一种转换方式。NAPT 普遍应用于接入设备中，它可以将中小型的网络隐藏在一个合法的 IP 地址后面。NAPT 与动态地址 NAT 不同，它将内部连接映射到外部网络中的一个单独的 IP 地址上，同时在该地址上加上一个由 NAT 设备选定的 TCP 端口号。

在 Internet 中使用 NAPT 时，所有不同的 TCP 和 UDP 信息流看起来好像来源于同一个 IP 地址。这个优点在小型办公室内非常实用，通过从 ISP 处申请的一个 IP 地址，将多个连接通过 NAPT 接入 Internet。实际上，许多远程访问设备支持基于 PPP 的动态 IP 地址。这样，ISP 甚至不需要支持 NAPT，就可以做到多个内部 IP 地址共用一个外部 IP 地址访问 Internet，虽然这样会导致信道的拥塞，但考虑到节省的 ISP 上网费用和易管理的特点，用 NAPT 还是很值得的。

在传统的路由交换网络中可以使用路由器实现 NAT 的转换，但防火墙的日益普及，多数使用防火墙来完成这一过程。

本节分别以路由器和防火墙的实现方法介绍其实施的过程。

11.3.3　路由器中实现 NAT

路由器中实现网络地址转换，通常需要进行如下三个步骤：

（1）定义需要进行转换的特征数据

这个步骤通常可以由路由器的访问控制列表实现，这时的列表由于没有应用在接口中，而不会对数据的转发过程产生任何影响，但它被 NAT 过程引用之后，将成为判断是否需要进行 NAT 的依据。

如下配置列表，定义了一个名为 for_nat 的访问控制列表，这个列表将在第三步得到应用。

Router_config#ip access-list extended for_nat

Router_config_ext_nacl#permit ip 1.1.1.0 255.255.255.0 any

这里定义为源 IP 地址为 1.1.1.0 网段的数据经过时都将满足这个列表的定义，转而执行对应的策略。

（2）定义地址转换的入口和出口

此步骤需要在路由器的各个接口中完成，通常被转换地址所在的接口被设置为 nat inside，而靠近被转换地址后的接口被设置为 nat outside。例如，在通常的路由器连接中，F0/0 端口连接内部网络，通常是被转换地址所在接口，而 S2/0 一般连接广域网络，接入 ISP 网络而进入 Internet，此时可以将 F0/0 接口设置为 ip nat inside，而 S2/0 设置为 ip nat outside。如下所示：

```
Router_config#interface fastethernet 0/0
Router_config_f0/0#ip nat inside
Router_config_f0/0#exit
Router_config#interface serial 2/0
Router_config_s2/0#ip nat outside
Router_config_s2/0#
```

（3）定义在转化条件满足时，进行转换的方式

```
Router_config#ip nat inside source list for_nat interface serial 2/0
Router_config#
```

这里的配置实现了当从配置 nat inside 的接口处接收到符合 for_nat 列表定义的数据包后将源地址转化为 serial 2/0 的接口地址。

除上述配置的出口地址转换方式，路由器还可以进行诸如动态转换、端口转换等配置。

11.4　DHCP

11.4.1　DHCP 功能简介

DHCP（Dynamic Host Configuration Protocol，动态主机配置协议）的前身是 BOOTP，DHCP 协议采用 CLIENT-SERVER 方式实现，而且 DHCP 是基于 UDP 层之上的，应用 DHCP CLIENT 将采用知名端口号 68，DHCP SERVER 采用知名端口号 67 进行交互。主要有两个用途：给内部网络或网络服务供应商自动分配 IP 地址给用户，给内部网络管理员作为对所有计算机做中央管理的手段。

11.4.2　DHCP 功能详细原理

结构介绍

DHCP 结构可分为动态分配 IP 地址和续约 IP 地址租用两个部分。

动态分配

CLIENT 在一个固定的时间段内租用 IP 地址，在需要时重新申请租用，这样，有限的 IP 地址可以有效地在许多设备之间共享。

地址租用

CLIENT 在 IP 租用期满前，要向服务器重申租用该 IP 地址，如果失败，则租用结束。如果 CLENT 不再使用所租用的 IP 地址，它就释放该 IP 地址，结束租用。

DHCP 的封装

DHCP 报文封装格式如图 11-8 所示。

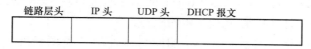

链路层头	IP 头	UDP 头	DHCP 报文

图 11-8　DHCP 报文封装格式

链路层头：承载报文的链路层信息头常见的有 Ethernet_II 格式、802.1q 格式、IEEE

802.3 格式、令牌环链路层头格式等。

IP 头：标准的 IP 头，IPv4 中长度为 20B，包括了 SrcIp、DstIp 等信息。

UDP 头：8B，包括了 SrcPort、DstPort 报文长度及 UDP 校验和等信息。

DHCP 报文：具体的 DHCP 报文格式，如图 11-9 所示。

0	8	16	24	31
OP	Htype	Hlen	跳数 (Hops)	
事务 IP (XID)				
秒数 (Second)		标志 (flag)		
客户机 IP 地址 (ciaddr)				
你的 IP 地址 (yiaddr)				
服务器 IP 地址 (siaddr)				
中继代理 IP 地址 (giaddr)				
客户机硬件地址 (chaddr) 16B				
服务器的主机名 (sname) 64B				
启动文件名 (file) 128B				
选项 (option)　　　不定长				

图 11-9　DHCP 报文格式

DHCP 报文的封装采取了如下措施：

1）首先链路层的封装必须是广播形式，即在同一物理子网中的所有主机都能够收到这个报文，在 Ethernet_II 格式的网络中，就是 DstMac 为全 1。

2）由于终端没有 IP 地址，IP 头中的 SrcIp 规定为全 0。

3）当终端发出 DHCP 请求报文，它并不知道 DHCP SERVER 的 IP 地址，因此 IP 头中的 DstIp 为广播 IP 全 1，以保证 DHCP SERVER 的 IP 协议栈不丢弃这个报文。

4）上面的措施保证了 DHCP SERVER 能够收到终端的请求报文，但仅凭链路层和 IP 层信息，DHCP SERVER 无法区分出 DHCP 报文，因此终端发出的 DHCP 请求报文的 UDP 层中的 SrcPort 为 68，DstPort 为 67 即 DHCP SERVER 通过知名端口号 67 来判断一个报文是否是 DHCP 报文。

5）DHCP SERVER 给终端的响应报文将会根据 DHCP 报文中的内容决定是广播还是单播，一般都是广播形式。广播封装时，链路层的封装必须是广播形式。在 Ethernet_II 格式的网络中，就是 DstMac 为全 1，IP 头中的 DstIp 为广播 IP 全 1。单播封装时，链路层的封装是单播形式。在 Ethernet_II 格式的网络中，就是 DstMac 为终端的网卡 MAC 地址（此 MAC 地址存在于 DHCP 报文中）。IP 头中的 DstIp 为广播 IP 全 1 或者是即将分配给用户的 IP 地址（当终端能够接收这样的 IP 报文时）。两种封装方式中，UDP 层都是相同的，SrcPort 为 67，DstPort 为 68，终端通过知名端口号 68 来判断一个报文是否是 DHCP SERVER 的响应报文。

下面详细介绍 DHCP 报文内容。

1）OP 字段：表示当前报文是 CLIENT 的请求还是 SERVER 的应答，为 1 时表示是 CLIENT 的请求，为 2 时表示是 SERVER 的应答。

2）Htype、Hlen：分别表示 CLIENT 的网络硬件地址类型长度，如 Htype 为 1，表示 CLIENT 的网络硬件是 10MB 的以太网类型，Hlen 为 6，表示 CLIENT 的网络硬件地址长度为 6B（即以太网类型的 6B 的 MAC 地址）。

3）跳数：表示当前的 DHCP 报文经过的 DHCP RELAY 的数目，类似于 IP 头中的跳数字段，但含义完全不同，CLIENT 或 SERVER 发出 DHCP 报文时此字段都初始化为 0，每经过一个 DHCP RELAY，此字段就会加 1，此字段的作用是限制 DHCP 报文不要经过太多的 DHCP RELAY，协议规定当 Hops 大于 4（也有规定为 16）时这个 DHCP 报文就不能再进行处理而是丢弃。

4）事务 IP：CLIENT 每次发送 DHCP 请求报文时选择的随机数用来匹配 SERVER 的响应报文是对哪个请求报文的响应，CLIENT 会丢弃 xid 不匹配的响应报文。

5）秒数：用来表示 CLIENT 开始 DHCP 请求后的时间流逝秒数，此字段一般没有多大意义，最初设计此字段是为了让 DHCP SERVER 在繁忙时优先处理此字段大的 DHCP 请求，因为此字段越大，说明这个 CLIENT 等的时间就越长。

6）标志：在 BOOTP 中此字段是保留不用的，在 DHCP 中也只使用了其左边的最高位，整个字段占 16B，其中最左边比特被解释为广播响应标识位，所有其他比特保留备用必须被 CLIENT 设置为 0，SERVER 和 DHCP RELAY 忽略这些比特。当 CLIENT 不能接收单播的 DHCP 响应报文时必须把广播响应标识位置 1，否则置 0，而 DHCP SERVER 在回响应报文时将根据此广播响应标识位是否置位来判断是广播还是单播，CLIENT 如 Windows 98 一般都能接收单播 DHCP 响应报文。

7）客户机 IP 地址：表示 CLIENT 自己的 IP 地址可以是 SERVER 分配给 CLIENT 的 IP 地址也可以是 CLIENT 已有的 IP 地址，此字段不为 0 的原则就是 CLIENT 能够使用此 IP 地址接收 IP 报文，DHCP SERVER 发现此字段不为 0 时，可以直接将响应报文单播给 CLIENT。

8）你的 IP 地址：表示 SERVER 分配给 CLIENT 的 IP 地址，当 DHCP SERVER 响应 CLIENT 的 DHCP 请求时，把分配给 CLIENT 的 IP 地址填入此字段。

9）服务器 IP 地址：表示 CLIENT 获取启动配置信息的服务器 IP 地址，一般是 TFTP SERVER 的 IP 地址。

10）中继代理 IP 地址：记录第一个 DHCP RELAY agent 的 IP 地址，当 CLIENT 发出 DHCP 请求报文后如果网络中存在 DHCP RELAY，则第一个 DHCP RELAY 转发这个 DHCP 请求报文时，就会把自己的 IP 地址填入此字段，随后的 DHCP RELAY 将不再改写此字段，只是把 Hops 加 1，DHCP SERVER 将会根据此字段为用户分配 IP 地址，并把响应报文转发给此 DHCP RELAY agent，由 DHCP RELAY agent 再转发给 CLIENT。

11）客户机硬件地址：记录 CLIENT 的实际硬件地址内容，当 CLIENT 发出 DHCP 请求报文时，将把自己的网卡硬件地址填入此字段，DHCP SERVER 一般都会使用此字段来唯一标识一个 CLIENT，而且此字段与前面的 Htype、Hlen 字段必须一致，如当 Htype、Hlen 分别为 1 和 6 时，此字段必须填入 6B 的以太网 MAC 地址，中继代理 IP 地址是 DHCP RELAY 的 IP 地址。Htype、Hlen 客户机硬件地址字段分别说明了 CLIENT 的硬件地址类型长度和地址内容。

12）服务器的主机名：记录 CLIENT 获取启动配置信息的服务器名字，此字段由 DHCP SERVER 填写而且是可选的，如果填写，必须是一个以 0 结尾的字符串。

13）启动文件名：记录 CLIENT 的启动配置文件名此字段由 DHCP SERVER 填写而且是可选的。如果填写，必须是一个以 0 结尾的字符串。

11.4.3 DHCP 报文的种类

1）DHCPDISCOVER：此为 CLIENT 开始 DHCP 过程中的第一个请求报文。

2）DHCPOFFER：此为 SERVER 对 DHCPDISCOVER 报文的响应。

3）DHCPREQUST：此为 CLIENT 对 DHCPOFFER 报文的响应。

- 告知服务器客户所选择的选项。
- 核实客户的地址租用。
- 向提供地址的服务器重申租用地址。
- 向任何一个其他服务器重新绑定其租用地址。

4）DHCPDECLIENT：当 CLIENT 发现 SERVER 分配给它的 IP 地址无法使用，如 IP 地址发生冲突时，将发出此报文让 SERVER 禁止使用这次分配的 IP 地址。

5）DHCPACK：SERVER 对 DHCPREQUST 报文的响应，CLIENT 收到此报文后才真正获得了 IP 地址和相关配置信息。

6）DHCPNACK：此报文是 SERVER 对 CLIENT 的 DHCPREQUST 报文的拒绝响应，CLIENT 收到此报文后，一般会重新开始 DHCP 过程。

7）DHCPRELEASE：此报文是 CLIENT 主动释放 IP 地址，当 SERVER 收到此报文后就可以收回 IP 地址分配给其他的 CLIENT。

8）DHCPINFORM：客户使用该报文请求非 IP 地址的配置参数。

11.4.4 DHCP 应用

DHCP 有几种应用。当存在以下需求时，可以使用 DHCP。

1）如果需要为某一个以太网接口分配 IP 地址、网段及相关资源（如相应的网关），可以通过配置 DHCP 客户端来实现。

2）当路由器上有一个接口通过 PPP 和对端 A 设备相连，而另外有一个接口能够访问到 DHCP 时，可以通过 DHCP，从 DHCP 服务器上获得一个 IP 地址并且通过 IPCP 给 A 设备分配该 IP 地址。

11.4.5 DHCP 的优点

要实现 DHCP 客户端的功能，只有在以太网接口上支持该 DHCP 客户端功能，同时在所有类型接口上支持 DHCP 报文的处理。该功能的使用可以提供以下优点：

1）减少配置时间。

2）减少配置错误。

3）通过 DHCP 服务器集中控制路由器部分接口的 IP 地址。

11.4.6 DHCP 配置

1．DHCP CLIENT 配置示例

以太网接口获取一个 IP 地址示例。

以下例子将为 Ethernet1/1 接口通过 DHCP 分配一个 IP 地址。

```
!
interface Ethernet1/1
ip address dhcp
```

2．DHCP SERVER 配置示例

以下例子将 ICMP 检测包的超时时间设为 200ms，配置一个名为 1 的地址池，并打开 DHCP SERVER 服务。

```
ip dhcpd ping timeout 2
ip dhcpd pool 1
network 192.168.20.0 255.255.255.0
range 192.168.20.211 192.168.20.215
domain-name my315
default-router 192.168.20.1
```

（1）打开 DHCP SERVER 服务

为 DHCP CLIENT 分配 IP 地址等参数，在全局配置状态下执行下列命令（此时，DHCP 服务器也支持 RELAY 操作，对于自身不能分配的地址请求，配置了 ip helper-address 的端口将转发 DHCP 请求）。

命令说明：

```
ip dhcpd enable
```

打开 DHCP SERVER 服务。

```
no ip dhcpd enable
```

关闭 DHCP SERVER 服务。

（2）配置 ICMP 检测参数

可以根据需要，调整 SERVER 进行地址检测时发送的 ICMP 报文的参数。

配置发送 ICMP 报文个数，在全局配置状态下，执行下列命令：

```
ip dhcpd ping packets pkgs
```

指定地址检测是发送 ICMP 报文的个数。

配置等待 ICMP 报文响应的超时时间，在全局配置状态下，执行下列命令：

```
ip dhcpd ping timeout timeout
```

指定等待 ICMP 报文响应的超时时间。

（3）配置保存 database 的参数

配置每隔多长时间将地址分配信息保存到 agent database 中，在全局配置状态下，执行下列命令：

```
ip dhcpd write-time time
```

指定每隔多长时间将地址分配信息保存到 agent database 中。

（4）配置 DHCP SERVER 地址池

添加 DHCP SERVER 地址池，在全局配置状态下执行下列命令：

```
Ip dhcpd pool name
```

添加 DHCP SERVER 地址池，并进入 DHCP 地址池配置状态。

（5）配置 DHCP SERVER 地址池参数

在 DHCP 地址池配置状态下，可以执行以下命令来配置相关参数。

用户可以使用以下命令来配置用于自动分配的地址池的网络地址：

```
network ip-addr netsubnet
```

配置用于自动分配的地址池的网络地址。

用户可以使用此命令来配置用于自动分配的地址区域：

```
range low-addr high-addr
```

配置用于自动分配的地址区域。

用户可以使用此命令来配置分配给客户机的默认路由：

```
default-router ip-addr …
```

配置分配给客户机的默认路由。

第4部分

无线与安全技术

第 12 章　无线技术基础

12-1　无线技术基础

12.1　无线技术简介

无线局域网（WLAN）能够方便地联网，而不必对网络的用户管理配置进行过多的变动；WLAN 在有线网络布线困难的地方比较容易实施，使用 WLAN 方案，则不必再实施打孔敷线作业，因而不会对建筑设施造成任何损害。无线网不受障碍物限制，用于无线通信的介质为电磁波，速率较高，架设也很方便，组网迅速。目前移动互联网得到广泛应用，网络管理员必须要掌握无线局域网的搭建、接入与安全管理等知识和技能。

12.1.1　Wi-Fi（Wireless Fidelity）概念

Wi-Fi 是 Wi-Fi 联盟制造商的商标可作为产品的品牌认证，是一个建立于 IEEE 802.11 标准的无线局域网络（WLAN）设备，是目前应用最为普遍的一种短程无线传输技术。基于两套系统密切相关，也常有人把 Wi-Fi 当作 IEEE 802.11 标准的同义词术语，如图 12-1 所示。

图 12-1　Wi-Fi 标志

Wi-Fi 在无线局域网的范畴是指"无线相容性认证"，实质上是一种商业认证，同时也是一种无线联网的技术，以前通过网线连接计算机，而现在则是通过无线电波来联网；常见的就是一个无线路由器，那么在这个无线路由器的电波覆盖的有效范围都可以采用 Wi-Fi 连接方式进行联网，如果无线路由器连接了一条 ADSL 线路或者别的上网线路，则又被称为"热点"。

12.1.2　IEEE 802.11 协议

无线技术使用电磁波在设备之间传送信息。IEEE 802.11 协议是一套 IEEE（国际电气和电子工程师协会）标准，该标准定义了如何使用免授权 2.4 GHz 和 5GHz 频带的电磁波进行信号传输。

IEEE 802.11 是第一代无线局域网标准之一，也是国际电气和电子工程师协会发布的第一个无线局域网标准，是其他 IEEE 802.11 系列标准的基础标准。该标准定义了物理层和介质访问控制 MAC 协议的规范，允许无线局域网及无线设备制造商在一定范围内建立互操作网络设备。IEEE 802.11 常常作为无线局域网的代名词。IEEE 802.11 标准有两个版本：1997 年版和后来补充修订的 1999 年版。

IEEE 802.11 无线网络标准规定了 3 种物理层传输介质工作方式。其中 2 种物理层传输介质工作在 2.4 ～ 2.4835 GHz 微波频段（根据各国当地法规或规定不同，频段的具体定义也有所不同），采用扩频传输技术进行数据传输，包括跳频序列扩频传输技术（FHSS）和直接序列扩频传输技术（DSSS）。另一种方式以光波段作为其物理层，也就是利用红外线光波传输数据流。需要注意的是，虽然红外线同样适用于 IEEE 802.11 标准，但它是光学技术，并不能使用 2.4GHz 频段。

在 IEEE 802.11 的规定中，这些物理层传输介质中，FHSS 及红外线技术的无线网络则可提供 1Mbit/s 的传输速率（2Mbit/s 为可选速率），而 DSSS 则可提供 1Mbit/s、2Mbit/s 工作速率。多数 FHSS 厂家仅能提供 1Mbit/s 的产品，而符合 IEEE 802.11 无线网络标准并使用 DSSS 厂家的产品则全部可以提供 2Mbit/s 的速率，因此 DSSS 在无线局域网产品中得到了广泛的应用。虽然采用跳频序列扩频传输技术（FHSS）的设备与采用 DSSS 的设备都工作在相同的频段中，但是由于它们运行的机制完全不同，所以这两种设备没有互操作性。

IEEE 802.11b

IEEE 802.11b 的带宽为 11Mbit/s，实际传输速率在 5Mbit/s 左右，与普通的 10BaseT 规格的有线局域网持平。无论是家庭无线组网还是中小企业的内部局域网，IEEE 802.11b 都能基本满足使用要求。由于基于开放的 2.4GHz 频段，因此 IEEE 802.11b 的使用无须申请，既可作为对有线网络的补充，又可自行独立组网，灵活性很强。

从工作方式上看，IEEE 802.11b 的运作模式分为两种：点对点模式和基本模式。其中点对点模式是指无线网卡和无线网卡之间的通信方式，即一台装配了无线网卡的计算机可以与另一台装配了无线网卡的计算机实施通信，对于小型无线网络来说，这是一种非常方便的互联方案；而基本模式则是指无线网络的扩充或无线和有线网络并存时的通信方式，这也是 IEEE 802.11b 常用的连接方式。此时，装载无线网卡的计算机需要通过"接入点"（无线 AP）才能与另一台计算机连接，由接入点来负责频段管理及漫游等指挥工作。在带宽允许的情况下，一个接入点最多可支持 128 个无线节点的接入。当无线节点增加时，网络存取速度会随之变慢，此时添加接入点的数量可以有效地控制和管理频段。

IEEE 802.11a

IEEE 802.11a 标准工作在 5GHz 频段，物理层速率最高可达 54Mbit/s，传输层速率最高可达 25Mbit/s。可提供 25Mbit/s 的无线 ATM 接口和 10Mbit/s 的以太网无线帧结构接口，以及 TDD/TDMA 的空中接口；支持语音、数据、图像业务。由于 IEEE 802.11a 工作在不同于 IEEE 802.11b 的 5GHz 频段，避开了微波、蓝牙以及大量工业设备广泛采用的 2.4GHz 频段，因此其产品在无线数据传输过程中所受到的干扰大为降低，在抗干扰性方面较 IEEE 802.11b 更为出色。

IEEE 802.11g

与 IEEE 802.11a 相同的是，IEEE 802.11g 也使用了 Orthogonal Frequency Division Multiplexing （正交分频多任务，OFDM）的模块设计，这是其 54Mbit/s 高速传输的秘诀。然而不同的是，IEEE 802.11g 的工作频段并不是 IEEE 802.11a 的 5GHz，而是和 IEEE 802.11b 一致的

2.4GHz 频段，这样一来，原先 IEEE 802.11b 使用者所担心的兼容性问题得到了很好的解决，IEEE 802.11g 提供了一个平滑过渡的选择。除了具备高传输率以及兼容性上的优势外，IEEE 802.11g 所工作的 2.4GHz 频段的信号衰减程度不像 IEEE 802.11a 的 5GHz 那么严重，并且 IEEE 802.11g 还具备更优秀的"穿透"能力，能适应更加复杂的使用环境。但是先天性的不足（2.4GHz 工作频段），使得 IEEE 802.11g 和 IEEE 802.11b 一样极易受到微波、无线电话等设备的干扰。此外，IEEE 802.11g 的信号比 IEEE 802.11b 的信号能够覆盖的范围要小得多，用户可能需要添置更多的无线接入点才能满足原有使用面积的信号覆盖，这是"高速"的代价。

IEEE 802.11n

IEEE 802.11n 标准具有高达 600Mbit/s 的速率，可提供支持对带宽敏感的应用所需的速率、范围和可靠性。IEEE 802.11n 结合了多种技术，其中包括 Spatial Multiplexing MIMO（Multi-In，Multi-Out）（空间多路复用多入多出）、20MHz 和 40MHz 信道和双频带（2.4GHz 和 5 GHz），以便形成很高的速率，同时又能与 IEEE 802.11b/g 设备通信。多入多出（MIMO）或多发多收天线（MTMRA）技术是无线移动通信领域智能天线技术的重大突破。该技术能在不增加带宽的情况下成倍地提高通信系统的容量和频谱利用率，是新一代移动通信系统必须采用的关键技术。

IEEE 802.11i

IEEE 802.11i 是 IEEE 为了弥补 IEEE 802.11 脆弱的安全加密功能（WEP，Wired Equivalent Privacy）而制定的修正案，于 2004 年 7 月完成。其中定义了基于 AES 的全新加密协议 CCMP（CTR with CBC-MAC Protocol）。无线网络中的安全问题从暴露到最终解决经历了相当长的时间，而迫不及待的 Wi-Fi 厂商采用 802.11i 的草案为蓝图设计了一系列通信设备，随后称之为支持 WPA（Wi-Fi Protected Access）的，这个协定包含了向前兼容 RC4 的加密协议 TKIP（Temporal Key Integrity Protocol），它沿用了 WEP 所使用的硬件并修正了一些缺失，但可惜仍然不是毫无安全弱点的；之后将支持 802.11i 最终版协议的通信设备称为支持 WPA2（Wi-Fi Protected Access 2）。

IEEE 802.11ac

IEEE 802.11ac，是一个 IEEE 802.11 无线局域网（WLAN）通信标准，它通过 5GHz 频带（也是其得名原因）进行通信。理论上，它能够提供最高 1Gbit/s 带宽进行多站式无线局域网通信，或是最少 500Mbit/s 的单一连接传输带宽。

IEEE 802.11ac 是 802.11n 的继承者。它采用并扩展了源自 IEEE 802.11n 的空中接口（air interface）概念，包括更宽的 RF 带宽（提升至 160MHz），更多的 MIMO 空间流（spatial streams）（增加到 8），多用户的 MIMO，以及更高阶的调制（modulation）（达到 256QAM）。IEEE 802.11ac 的核心技术主要基于 IEEE 802.11a。

IEEE 802.11ac 工作在 5.0GHz 频段上以保证向下兼容性，但数据传输通道会大大扩充，在当前 20MHz 的基础上增至 40MHz 或者 80MHz，甚至有可能达到 160MHz。再加上大约 10% 的实际频率调制效率提升，新标准的理论传输速度最高有望达到 1Gbit/s。

IEEE 802.11 协议标准介绍见表 12-1。

表 12-1 IEEE 802.11 协议标准介绍

对象	802.11a	802.11b	802.11g	802.11n	802.11ac
工作频段	5GHz	2.4GHz	2.4GHz	2.4GHz 和 5GHz	5GHz
信道数	最多 23	11 或 13	11 或 13	最多 14	最多 23
调制技术	OFDM	DSSS	DSSS 和 OFDM	MIMO-OFDM	MIMO-OFDM
数据传输速率	< 54Mbit/s	< 11Mbit/s	< 54Mbit/s	最高可达 600Mbit/s	最高可达 1Gbit/s
发布时间	1999 年	1999 年	2003 年	2009 年	2013 年

12.1.3 无线加密

目前成熟的加密机制有 WEP 和 WPA 两大类。

1）WEP 概述：有线等效加密（Wired Equivalent Privacy，WEP），通用于有线和无线网络加密。因为无线网络是用无线电把信息传播出去，它特别容易被窃听。

2）WPA 全名为 Wi-Fi Protected Access，有 WPA 和 WPA2 两个标准，是一种保护无线计算机网络（Wi-Fi）安全的系统，它是应研究者在有线等效加密（WEP）中找到的几个严重的弱点而产生的。WPA 实现了 IEEE 802.11i 标准的大部分，是在 IEEE 802.11i 完备之前替代 WEP 的过渡方案。WPA 的设计可以用在所有的无线网卡上，但未必能用在第一代的无线取用点上。WPA2 实现了完整的标准，但不能用在某些古老的网卡上。

WPA2 是经由 Wi-Fi 联盟验证过的 IEEE 802.11i 标准的认证形式。WPA2 实现了 IEEE 802.11i 的强制性元素，特别是 Michael 算法由公认彻底安全的 CCMP 信息认证码所取代，而 RC4 也被 AES 取代。

预共用密钥模式（Pre-Shared Key，PSK），又称为个人模式。它是设计给负担不起 IEEE 802.1x 验证服务器的成本和复杂度的家庭和小型公司网络用的，每一个使用者必须输入密码来访问网络，而密码可以是 8 ~ 63 个 ASCII 字符或是 64 个 16 进位数字（256 位元）。使用者可以自行斟酌要不要把密码存在计算机里以省去重复输入的麻烦，但密码一定要存在 Wi-Fi 取用点里。

在有些无线网络设备的规格中会看到像 WPA-Enterprise / WPA2-Enterprise 以及 WPA-Personal / WPA2-Personal 的字眼，其实 WPA-Enterprise / WPA2-Enterprise 就是 WPA / WPA2；WPA-Personal / WPA2-Personal 就是 WPA-PSK / WPA2-PSK，也就是以 "Pre-Share Key" 或 "passphrase" 的验证（authentication）模式来代替 IEEE 802.1x/EAP 的验证模式，PSK 模式下不需使用验证服务器（如 RADIUS SERVER），所以特别适合家用或在家办公的使用者。

IEEE 802.11 常见的几种认证方式如下：

① 不启用安全。

② WEP。

③ WPA/WPA2-PSK（预共享密钥）。

④ WPA/WPA2 802.1x（radius 认证）。

具体路由器的配置界面如图 12-2 所示。

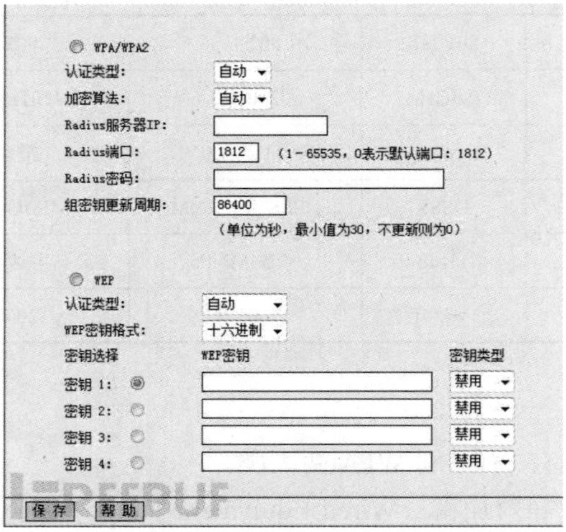

图 12-2　路由器的配置界面

12.1.4　无线射频基础知识

（1）无线信道

无线信道也就是常说的无线的"频段（Channel）"，它是以无线信号作为传输媒体的数据信号传送通道。

大家知道，在进行无线网络安装时，一般使用无线自带的管理工具设置连接参数。无论哪种无线网络，其最主要的设置项目都包括网络模式（集中式还是对等式无线网络）、SSID、信道、传输速率 4 项，只不过一些无线设备的驱动程序或设置软件将这些步骤简化了，一般使用默认设置（也就是不需要任何设置）就能很容易地使用无线网络。

（2）信道的数量及影响

无线上一般标有 1 ～ 13 个频道可以选择，以防止干扰，但并不是独立的 13 个频道。

信道可以比作 RJ-45 的网线，一共有 11 个可用信道。考虑到相邻的两个无线 AP 之间有信号重叠区域，为保证这部分区域所使用的信号信道不能互相覆盖，具体地说信号互相覆盖的无线 AP 必须使用不同的信道，否则很容易造成各个无线 AP 之间的信号相互产生干扰，从而导致无线网络的整体性能下降。

不过，每个信道都会干扰其两边的频道，计算下来也就有三个有效频道，一定要注意频段分割。

但很多问题，也会因为追求便利而产生。常用的 IEEE 802.11b/g 工作在 2.4 ～ 2.483 5GHz 频段，这些频段被分为 11 或 13 个信道。当在无线 AP 信号覆盖范围内有两个以上的 AP 时，需要为每个 AP 设定不同的频段，以免共用信道发生冲突。而很多用户使用的无线设备的默认设置都是将 Channel 设为 1，当两个以上的这样的无线 AP 设备相遇时冲突就在所难免。

为什么现在无线信道的冲突如此让人关注，这除了家用或办公无线设备因为价格的不断走低而呈现增长外，无线标准的天生缺憾也是造成目前这种窘境的重要原因。

众所周知，目前主流的无线都是由 IEEE 所制定，在 IEEE 认定的 3 种无线标准 IEEE 802.11b、IEEE 802.11g、IEEE 802.11a 中，其信道数是有差别的。

（3）信道带宽

1）IEEE 802.11b。采用 2.4GHz 频带，调制方法采用补偿码键控（CKK），共有 3 个不重叠的传输信道。传输速率能够从 11Mbit/s 自动降到 5.5Mbit/s，或者根据直接序列扩频技术调整到 2Mbit/s 和 1Mbit/s，以保证设备正常运行与稳定。

2）IEEE 802.11a。扩充了标准的物理层，规定该层使用 5GHz 的频带。该标准采用 OFDM 调制技术，共有 12 个非重叠的传输信道，传输速率范围为 6Mbit/s ～ 54Mbit/s。不过此标准与 IEEE 802.11b 标准并不兼容。支持该标准的无线 AP 及无线网卡，在市场上较少见。

3）IEEE 802.11g。该标准共有 3 个不重叠的传输信道。虽然同样运行于 2.4GHz，但向下兼容 IEEE 802.11b，而由于使用了与 IEEE 802.11a 标准相同的调制方式 OFDM（正交频分），因此能使无线局域网达到 54Mbit/s 的数据传输率。

以上可以看出，无论是 IEEE 802.11b 还是 IEEE 802.11g 标准其都只支持 3 个不重叠的传输信道，只有信道 1、6、11 或 13 是不冲突的，但使用信道 3 的设备会干扰 1 和 6，使用信道 9 的设备会干扰 6 和 13……

在 IEEE 802.11b/g 情况下，可用信道在频率上都会重叠交错，导致网络覆盖的服务区只有 3 条非重叠的信道可以使用，结果这个服务区的用户只能共享这 3 条信道的数据带宽。这 3 条信道还会受到其他无线电信号源的干扰，因为 IEEE 802.11b/g WLAN 标准采用了最常用的 2.4 GHz 无线电频段。而这个频段还被用于各种应用，如蓝牙无线连接、手机甚至微波炉，这些应用在这个频段的设备产生的干扰可能会进一步限制 WLAN 用户的可用带宽。

而在同样是 54Mbit/s 的传输速率的 IEEE 802.11g 与 IEEE 802.11a 标准中，IEEE 802.11a 在信道可用性方面更具优势。这是因为 IEEE 802.11a 工作在更加宽松的 5GHz 频段，拥有 12 条非重叠信道，而 IEEE 802.11b/g 只有 3 条是非重叠信道（Channel 1、Channel 6、Channel 11 或 Channel 13）。所以 IEEE 802.11g 在协调邻近接入点的特性上不如 IEEE 802.11a。由于 IEEE 802.11a 的 12 条非重叠信道能给接入点提供更多的选择，因此它能有效降低各信道之间的冲突。

但事物的两面性在 IEEE 802.11a 上表现无遗，IEEE 802.11a 也正因为频段较高，使得 IEEE 802.11a 的传输距离大打折扣，其无线 AP 的覆盖范围只有 IEEE 802.11b/g 的一半左右或更低，以实际情况来说，如果一个 IEEE 802.11b 无线 AP 的室内覆盖可达 80m，那么 IEEE 802.11a 就只能达到 30m 左右。此外，由于设计复杂，基于 IEEE 802.11a 标准的无线产品的成本要比 IEEE 802.11b 高得多。信道数占优不向下兼容的 IEEE 802.11a 最终在市场上失败也就不难理解。

当然，IEEE 802.11g 以 54Mbit/s 的高速和向下兼容 IEEE 802.11b 的优势击败了 IEEE 802.11a，但随着无线设备的普及化，IEEE 802.11b/g 目前也面临困窘。IEEE 802.11a 支持 12 条非重叠信道，因此其总带宽为 54Mbit/s×12=648Mbit/s。而 IEEE 802.11g 只支持 3 条非重叠信道，其总带宽仅为 54Mbit/s×3=162Mbit/s。也就是说，当接入的客户端数目较少时，也许分辨不出 IEEE 802.11a 和 IEEE 802.11g 的速度差别，但随着客户端数目的增加，数据流量的增大，IEEE 802.11g 便会越来越慢，直至带宽耗尽，更不用说 IEEE 802.11b 了。

很多人认为 Intel 推出的迅驰 2 代中使用的英特尔 PRO/ 无线 2195A/B/G 三频无线网卡新增支持 IEEE 802.11a 标准，看作是一种市场的倒退或止步不前，但我们通过以上分析，会发现 Intel 或许也正面对这种 IEEE 802.11b/g 所带来的信道和带宽困惑。

此外，虽然一些厂商已在开发一种可在双频工作的能够兼容 IEEE 802.11a（5GHz）和 IEEE 802.11g（2.4GHz）的无线局域网方案，但一个双频接入点通常需要两个独立的射频模块及相应独立的数据处理能力，这将导致成本在独立型设备上的居高不下。

此外，为什么说常用的 IEEE 802.11b/g 工作在 2.4 ～ 2.483 5GHz 频段，这些频段被分为 11 或 13 个信道——为何有的是 11 个信道有的又是 13 个信道呢？这是各国各地区的标准不同，北美 /FCC 标准，其采用 2.412 ～ 2.462GHz，共有 11 个信道，其中 1、6、11 信道为不重叠的传输信道；欧洲 /ETSI 标准，其采用 2.412 ～ 2.472GHz，共有 13 个信道，其中 1、6、13 信道为不重叠的传输信道；日本采用 2.412 ～ 2.484GHz，14 个信道。除此以外，还有法国采用 4 信道、西班牙采用 2 信道等非主流标准。如果无线网卡支持，则在安装驱动程序进行地区信道标准选择时，一般建议选择 FCC（北美）或 ETSI（欧洲）标准即可。

12.1.5　无线局域网组成要素

SSID（Service Set Identifier，服务集标识）用来区分不同的网络，最多可以有 32 个字符，无线网卡设置了不同的 SSID 就可以进入不同网络，SSID 通常由 AP（Access Point，无线接入点，也称作"热点"）广播出来，通过终端的无线网卡及相应的控制软件可以搜索并查看当前区域内的 SSID。出于安全考虑可以对无线网络设置隐藏 SSID，此时用户需要手工设置 SSID 才能接入相应的网络。简单说，SSID 就是一个局域网的名称，SSID 网络分布如图 12-3 所示。

图 12-3　SSID 网络分布

ESSID（Extended Service Set Identifier，服务区别号）是 Infrastructure（无线站点的一种工作模式）的应用，一个扩展的服务装置 ESS（Extended Service Set，扩展服务集合）由两个或多个 BSS（Basic Service Set，基本服务集合）组成，形成单一的子网，如图 12-4 所示。使用者可在 ESS 上漫游及存取 BSS 中的任何资料，其中 AP（热点）必须设定相同的 ESSID 及 Channel（频道）才能允许漫游。

BSS 是一种特殊的 Ad-hoc LAN 的应用，一个无线网络至少由一个连接到有线网络的 AP 和若干无线工作站组成，这种配置称为一个基本服务装置，即 BSS，如图 12-5 所示。一群计算机设定相同的 BSS 名称，即可自成一个组，而此 BSS 名称，即所谓 BSSID。

通常，手机 WLAN 中，BSSID 其实就是无线路由的 MAC 地址。

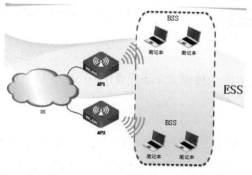

图 12-4 由两个 BSS 组成 ESS 形成单一子网

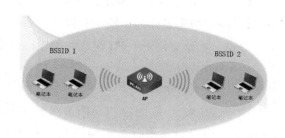

图 12-5 基本服务装置 BSS

12.2 无线网络设备

12.2.1 无线接入点（Access Point，AP）

（1）功能介绍

无线 AP：AP 即 Access Point 的简称，一般翻译为"无线访问节点或无线接入点"，它主要是提供无线工作站对有线局域网和从有线局域网对无线工作站的访问，在访问接入点覆盖范围内的无线工作站可以通过它进行相互通信。通俗地讲，无线 AP 是无线网和有线网之间沟通的桥梁，也相当于一个无线集线器、无线收发器。

目前无线 AP 可分为两类：单纯型 AP（瘦 AP）和扩展型 AP（胖 AP）。单纯型 AP 就是我们一般所说的无线 AP。无线 AP 的工作原理是网络信号通过双绞线传送过来，将电信号转换成为无线电信号发送，形成无线电信号的覆盖。它相当于无线交换机，仅提供无线电信号发射的功能。扩展型 AP 就是我们常说的无线路由器。通过无线路由器，家庭 ADSL 宽带用户可以实现 Internet 连接共享，也能实现小区宽带的无线共享接入。

WL-8200 如图 12-6 所示。支持 Fat 和 Fit 两种工作模式，根据网络规划的需要，可以灵活地在 Fat 和 Fit 两种工作模式中切换。当 AP 作为瘦 AP（Fit AP）时，需要与 DCN 智能无线控制器产品配置使用，作为胖 AP（Fat AP）时，可以独立组网。

（2）AP 分类

1）按工作环境分为室内 AP 和室外 AP。

2）按安装方式分为放装型 AP 和墙壁式 AP。

图 12-6 WL-8200

放装型 AP 利用设备自带天线进行覆盖，直接把 AP 放置在需要覆盖的场景进行覆盖。

墙壁式 AP 也叫入墙式无线 AP，属于无线 AP 的一种，体积小，因其专门设计为安装至墙壁的普通国际标准的 86 尺寸线盒，实现诸如酒店、宿舍、家庭、办公场所等不方便大面积施工的无线覆盖区域覆盖。集成 AP、VOIP、电话等功能可以完善的集中管理系统。缺点就是，成本较高。

3）按支持频段分为单频、双频。

双频：就是同时支持2.4GHZ频段和5.8GHZ频段，在配置里面可以配置radio 1、radio 2。

单频：就只是支持2.4GHZ频段或者5.8GHZ频段。

4）按支持模式分为单模、双模。

双模：就是支持Fat+Fit模式。单模：就是只支持一种模式Fat或者Fit。

（3）AP安装方法

1）室内AP安装。

由于WL8200系列室内AP的安装位置通常较高，AP安装好后维护人员无法通过Console口登录设备进行维护和调试，所以建议用户在把AP设备安装到指定位置之前，根据客户需求，进行相关基础配置。

室内AP安装流程如图12-7所示。

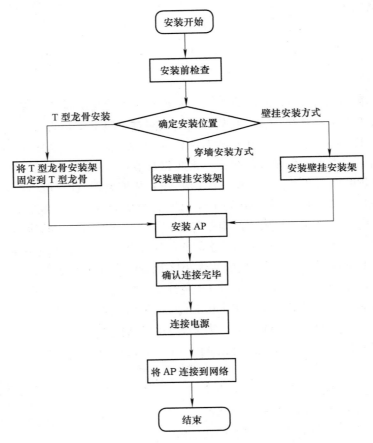

图12-7 室内AP安装流程

2）室外AP安装（以L型支架抱杆安装为例）。

L型支架安装说明。

随机配备的AP支架附件如图12-8所示。

L 型支架

U 型卡

六角螺钉

图 12-8　AP 支架附件

安装方法：将 L 型支架用六角螺钉按如图 12-9 所示的方法固定至室外型设备上；再按照如图 12-10 所示的方法使用 U 型卡将设备固定至抱杆上。

图 12-9　螺钉固定

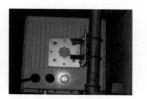

图 12-10　AP 固定

12.2.2　无线控制器

无线控制器（Access Controller，AC）是一种网络设备，它是一个无线网络的核心，负责管理无线网络中的瘦 AP（只收发信号）。对 AP 管理包括：下发配置、修改相关配置参数、射频智能管理等。传统的无线覆盖模式是用一个家庭式的无线路由器（简称胖 AP），覆盖部分区域，此种模式覆盖分散，只能满足部分区域覆盖，且不能集中管理，不支持无缝漫游。如今的 Wi-Fi 网络覆盖，多采用 AC+AP 的覆盖方式，无线网络中一个 AC（无线控制器），多个 AP（收发信号），此模式应用于大中型企业中，有利于无线网络的集中管理，多个无线发射器能统一发射一个信号（SSID），并且支持无缝漫游和 AP 射频的智能管理。相比于传统的覆盖模式，AC+AP 的覆盖模式有本质的提升（支持无缝漫游：通俗定义，用户处于无线网络中，从 A 点到 B 点经过了一定距离，传统覆盖模式因为信号不好必定会断开，而无缝漫游技术，可以将多个 AP 统一管理，从 A 点到 B 点中，尽管用户经过了多个 AP 的信号，但信号间无缝的切换，让用户感觉不到信号的转移，勘测数据中丢包率小于 1%，从而很好地对一个大区域不中断无线覆盖）。AC+AP 的覆盖模式，顺应了无线通信智能终端的发展趋势，随着 iPhone、iPod 等移动智能终端设备的普及，无线 Wi-Fi 的需求不可或缺。

DCWS-6028 无线控制器如图 12-11 所示，最多可管理 256 台智能无线 AP。支持高速率 IEEE 802.11n 系统设计，配合 DCN 802.11n 系列无线 AP，可提供传输带宽高达单路 300Mbit/s、双路 600Mbit/s 的无线网络。无须改动原有网络架构，可部署于三层或三层网络中，自动发现 AP，并灵活控制 AP 上的数据交换方式。

图 12-11　DCWS-6028 无线控制器

AC 的安装要求：

AC 必须工作在清洁、无尘，温度在 0 ～ 50℃、湿度 5% ～ 95% 无凝结的环境中。AC 必须置于干燥阴凉处，四周应留有足够的散热间隙，以便通风散热，具体的安装环境与要点参见安装指南。无线 AC 的尺寸是按照 19in 标准机柜设计的，可以安装在标准机柜上，安装示意图如图 12-12 所示。

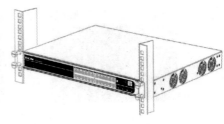

图 12-12　安装示意图

12.3　组网模式

12.3.1　无线组网模式—Fat AP（见图 12-13）

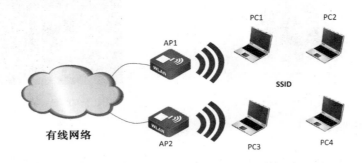

图 12-13　无线组网模式—Fat AP

模式特点：

1）无 AC 参与。

2）AP 独立工作，单独配置。

3）无法对 AP 集中管理。

4）终端无法漫游。

12.3.2　无线组网模式—Fit AP+AC（见图 12-14）

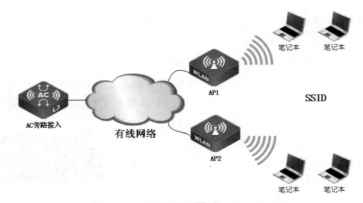

图 12-14　无线组网模式—Fit AP+AC

模式特点：

1）需要 AC 参与。

2）AC 通常旁路接入。

3）AP 由 AC 集中管理、配置。

4）终端可以漫游。

两种组网方案对比见表 12-2。

表 12-2　两种组网方案对比

对象	FAT AP 方案	FIT AP+AC 方案
技术模式	传统主流	新生方式，增强管理
安全性	传统加密、认证方式，普通安全性	增加射频环境监控，基于用户位置安全策略，高安全性
网络管理	对每 AP 下发配置文件	Wireless Switch 上配置好文件，AP 本身零配置
用户管理	类似有线，根据 AP 接入的有线端口区分权限	根据用户名区分权限
WLAN 组网规模	L2 漫游，适合小规模组网，成本较低	L2、L3 漫游，拓扑无关性，适合大规模组网，成本较高
增值业务能力	实现简单数据接入	可扩展语音等丰富业务

12.4　WLAN 基本配置

12.4.1　配置胖 AP

AP 默认 IP 是 192.168.1.10，账号是 admin，密码是 admin，支持 Web 方式登录。

AP 接入有线网络后，如果有 DHCP 服务器，则会从 DHCP 上自动获取 IP，且自动获取的 IP 优先级高于默认 IP，即自动获取 IP 后，AP 的 IP 地址就变更为此 IP，如果网络中没有可用 AC，则 AP 会工作在胖 AP 模式。胖 AP 模式下，Radio 会自动广播 SSID，名称分别为 DCN_VAP_2G 和 DCN_VAP_5G。

（1）更改 AP 的 IP 地址（见图 12-15）

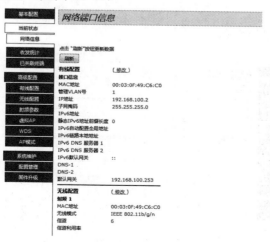

图 12-15　更改 AP 的 IP 地址

（2）设置 SSID（见图 12-16）

图 12-16　设置 SSID

（3）信道设置（见图 12-17）

图 12-17　信道设置

（4）软件升级（见图 12-18）

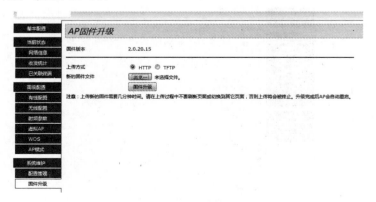

图 12-18　软件升级

（5）恢复出厂设置（见图 12-19）

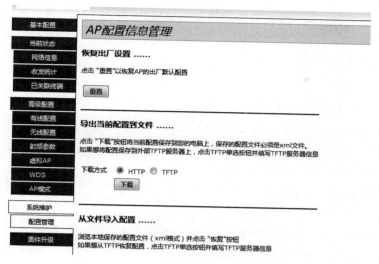

图 12-19　恢复出厂设置

12.4.2　配置瘦 AP（AC 上配置）

如图 12-20 所示的拓扑，在 AC 上对与之关联的瘦 AP 进行配置。配置瘦 AP 的位置信息为"here"，profile id 为 2。

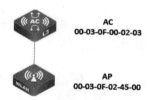

AC
00-03-0F-00-02-03

AP
00-03-0F-02-45-00

图 12-20　在 AC 上配置瘦 AP

AC 的配置序列：

```
AC#config
AC(config)#wireless
AC(config-wireless)#ap database 00-03-0f-02-45-00
AC(config-ap)#location here
AC(config-ap)#profile 2
AC(config-ap)#exit
AC(config-wireless)#exit
AC(config)#
```

12.4.3　配置 AC

传统的无线网络里面，没有集中管理的控制器设备，所有的 AP 都通过交换机连接起来，每个 AP 单独负担 RF、通信、身份验证、加密等工作，因此需要对每一个 AP 进行独立配置，否则难以实现全局的统一管理和安全策略设置。基于 Fit AP 和无线控制器的无线网络解决方案，具有统一管理的特性，并能够出色地完成自动 RF 规划、接入和安全控制策略等工作。

超级终端登录 AC，波特率为 9600。

（1）开启 AC 无线功能

配置步骤如下。

步骤 1：设置静态的无线 IP 地址。

DCWS－6028(config-wireless)#static-ip 192.168.1.254

DCWS－6028(config-wireless)#no auto-ip-assign

步骤 2：查看 AC 选取的无线 IP 地址。

DCWS－6028#show wireless

WS IP Address··················..192.168.1.254

WS Auto IP Assign Mode········Disable

WS Switch Static IP·············192.168.1.254

步骤 3：开启无线功能。

DCWS－6028(config)#wireless

DCWS－6028(config-wireless)#enable

（2）AP 注册

AP 工作在瘦模式时需要注册到 AC 上，成功注册后才能接受 AC 的统一管理，这个过程也叫 AP 上线。

1）AP 二层注册。

无线 AP 二层注册如图 12-21 所示。

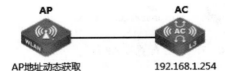

图 12-21　无线 AP 二层注册

配置要求：AP 零配置，在 AC 上适当配置，实现 AP 通过二层通信与 AC 关联。

步骤 1：配置互联端口状态。

DCWS(config)#interface e1/0/1

DCWS(config-if-ethernet1/0/1)#speed-duplex force10-full

　// 更改电口的速度和双工为 10Mbit/s 全双工

DCWS(config-if-ethernet1/0/1)#switchport mode trunk

　// 该链路需要承载多个 VLAN 数据时则需要将此链路模式更改为 Trunk 模式

DCWS(config-if-ethernet1/0/1)#switchport trunk native vlan 1

　// 使 vlan1 通过 trunk 链路时不打 vlan tag 标签，如果 AP 处于除 vlan1 外的其他 vlan 就需要把本征 vlan 更改成该 vlan

步骤 2：配置 VLAN 创建用户 VLAN，AP 和 AC 互联 VLAN。

DCWS(config)#vlan 1　　　　　　　　　　　　//AP 和 AC 所在 Vlan

DCWS(config-vlan)#name Dcn_ap_ac　　　　　//Vlan 1 名称是 Dcn_ap_ac

步骤 3：配置 AP VLAN 和 STA VLAN 网关地址。

DCWS(config)#interface vlan 1　　　　　　　　　　// 配置 AP 的网关

DCWS(config-if-vlan1)#ip address 192.168.1.254 255.255.255.0

步骤 4：配置 AP 的 DHCP 服务器。

DCWS(config)#service dhcp　　　　　　　　　　// 开启 DHCP 服务

DCWS(config)#ip dhcp pool Dcn_ap　　　　　　　// 创建 DHCP 地址池 Dcn_ap

DCWS(dhcp-wireless_ap-config)#network 192.168.1.0 255.255.255.0

// 分配给 AP 的地址网段

DCWS(dhcp-wireless_ap-config)#default-router 192.168.1.254 // 分配给 AP 的网关

DCWS#show ip dhcp binding　　　　　　　// 查看 AP 获取的地址的相关信息

Total dhcp binding items: 1, the matched: 1

IP address	Hardware address	Lease expiration	Type
192.168.1.1	00-03-0F-19-99-80	Sun Jun 15 12:55:00 2014	Dynamic

2）AP 三层注册。

无线 AP 三层注册如图 12-22 所示。

DCWL-7962（R3）　　　　　DCRS-5650　　　　　　DCWS-6028
所属VLAN：VLAN10　　　　VLAN1:10.1.1.1/24　　　LOOPBACK：1.1.1.1
　　　　　　　　　　　　　DHCP server　　　　　　VLAN 1:10.1.1.2

图 12-22　无线 AP 三层注册

配置要求：AP 零配置，在 AC 上正确配置，实现 AP 通过三层通信与 AC 关联。
配置步骤如下。

步骤 1：AC 的配置。

DCWS-6028(config)#vlan 10　　// 定义 vlan10

DCWS-6028(config-vlan10)#int vlan 10 // 打开 vlan10 接口

DCWS-6028(config-if-vlan10)#no shut

DCWS-6028(config-if-vlan10)#int vlan 1

DCWS-6028(config-if-vlan1)#ip add 10.1.1.2 255.255.255.0 // 配置 vlan1 地址

DCWS-6028(config)#interface loopback 1

DCWS-6028(config-if-loopback1)#ip add 1.1.1.1 255.255.255.255

DCWS-6028(config)# ip route 0.0.0.0 0.0.0.0 10.1.1.1// 配置默认路由指向三层交换机

DCWS-6028(config)#int e 1/0/1　　// 与三层交换机相连的接口

DCWS-6028(config-if-ethernet1/0/1)#switch mode trunk // 开通上联口的 trunk 模式

```
DCWS-6028(config)#wireless               // 开启无线功能
DCWS-6028(config-wireless)#enable
DCWS-6028(config-wireless)#ap database 00-03-0F-19-99-80   // 进入 ap database 模式
```

步骤 2：三层交换机的配置。

```
DCRS-5650-28C#config
DCRS-5650-28C(config)#l3 enabl               // 开启交换机三层功能
DCRS-5650-28C(config)#service dhcp           // 开启 DHCP 服务
DCRS-5650-28C(config)#ip dhcp pool ap               // 定义 AP 地址池
DCRS-5650-28C(dhcp-ap-config)#network 192.168.10.0 255.255.255.0   // 定义 AP 网段地址
DCRS-5650-28C(dhcp-ap-config)#default 192.168.10.1//AP 网关
DCWS-6028(dhcp-ap-config)#option 43    ip 1.1.1.1// 要联系的 AC 的地址
DCRS-5650-28C(dhcp-ap-config)#exit
DCRS-5650-28C(config)#vlan 10        // 定义 vlan 10
DCRS-5650-28C(config-vlan10)#int vlan 10               // 配置 vlan 10 网关地址
DCRS-5650-28C(config-if-vlan10)#ip add 192.168.10.1 255.255.255.0
DCRS-5650-28C(config-if-vlan10)#no shut
DCRS-5650-28C(config-if-vlan10)#int vlan 1               // 开启 vlan 1，与 AC 通信
DCRS-5650-28C(config-if-vlan1)#ip add 10.1.1.1 255.255.255.0
DCRS-5650-28C(config-if-vlan1)#exit
DCRS-5650-28C(config-if-ethernet0/0/1)#switchport mode trunk
// 与 AC 相连的接口
DCRS-5650-28C(config-if-ethernet0/0/2)#switchport mode trunk
// 与 AP 相连的接口
DCRS-5650-28C(config-if-ethernet0/0/2)#switchport trunk native vlan 10
//AP 接口加本征 Vlan
DCRS-5650-28C(config)#ip route 1.1.1.1 255.255.255.255 10.1.1.2
// 配置到达 AC 的路由
```

（3）AP 配置下发

瘦 AP 的配置由 AC 进行下发，所有功能在 AC 上面配置。每个 AP 关联一个 profile，默认关联到 profile1 上。

步骤 1：把 AP 与某个 profile 绑定（需要重启 AP）。

```
DCWS-6028#config    // 进入全局配置模式
DCWS-6028(config)#wireless                         // 进入无线配置模式
DCWS-6028(config-wireless0#ap database 00-03-0f-58-80-00 // 绑定 AP 的 MAC 地址
DCWS-6028(config-wireless0#exit
DCWS-6028(config-ap)#ap profile 1                     // 绑定配置文件
Configured profile is not valid to apply for AP:00-03-0f-19-71-e0, due to hardware type mismatch!!
//AP 的硬件类型与 profile 里配置的不一致，此时会导致配置下发失败
```

步骤 2：设置 profile 对应的硬件类型。

```
DCWS-6028(config-wireless)#ap profile 1    // 进入 profile 配置模式
DCWS-6028(config-ap-profile)#hwtype 1      // 修改硬件类型
DCWS-6028#wireless ap profile apply 1      // 配置完成后最终下发 profile 文件
```

（4）无线加密设置

不加密设置，默认即为此方式。

```
DCWS-6028(config-wireless)#network 1
DCWS-6028(config-network)#security mode none
```

设置加密方式为 WPA 个人版，WPA version 可以设置为 wpa、wpa2 以及 wpa/wpa2 混合模式，默认为 wpa/wpa2 混合模式，此处加密密钥为 12345678。

```
DCWS-6028(config-wireless)#network 1
DCWS-6028(config-network)#security mode wpa-personal
DCWS-6028(config-network)#wpa key 12345678
```

（5）SSID 配置

设置 SSID 的步骤为：

```
DCWS-6028(config-wireless)#network 1
DCWS-6028(config-network)#ssid dcn_wlan
```

下发 profile 配置：

```
DCWS-6028#wireless ap profile apply 1
```

查看 AP 配置状态：

```
DCWS-6028#show wireless ap status
```

12.5　无线漫游

12.5.1　漫游基本概念

在无线网络中，终端用户具备移动通信能力。但由于单个 AP（Access Point，无线访问接入点）设备的信号覆盖范围都是有限的，终端用户在移动过程中，往往会出现从一个 AP 服务区跨越到另一个 AP 服务区的情况。为了避免移动用户在不同的 AP 之间切换，网络通信中断，我们引入了无线漫游的概念。

无线漫游就是指 STA（Station，无线工作站）在移动到两个 AP 覆盖范围的临界区域时，STA 与新的 AP 进行关联并与原有 AP 断开关联，且在此过程中保持不间断的网络连接。简单来说，就如同手机的移动通话功能，手机从一个基站的覆盖范围移动到另一个基站的覆盖范围时，能提供不间断、无缝的通话能力。

对于用户来说，漫游的行为是透明的无缝漫游，即用户在漫游过程中，不会感知到漫游的发生。这与手机相类似，手机在移动通话过程中可能变换了不同的基站，而我们感觉不到也不必去关心。漫游过程完全是由无线客户端设备驱动的。

漫出 AC：或称 HA（Home-AC）；一个无线终端（STA）首次向漫游组内的某个无线控制器进行关联，该无线控制器即为该无线终端（STA）的漫出 AC。

漫入 AC：或称 FA（Foreign-AC）；与无线终端（STA）正在连接，且不是 HA 的无线控制器，该无线控制器即为该无线终端（STA）的漫入 AC。

AC 内漫游：一个无线终端（STA）从无线控制器的一个 AP 漫游到同一个无线控制器内的另一个 AP 中，即称为 AC 内漫游。

AC 间漫游：一个无线终端（STA）从无线控制器的 AP 漫游到另一个无线控制器内的 AP 中，即称为 AC 间漫游。

12.5.2 漫游分类

漫游的目的是为了使用户在移动的过程中可以通过不同的 AP 来保持对网络的持续访问。根据漫游过程前后用户接入的 AP 所属 AC 的不同，可以分为 AC 内漫游和 AC 间漫游。AC 内漫游是指用户漫游过程中的两个 AP 由同一个 AC 进行管理，而 AC 间漫游则是指用户漫游过程中的两个 AP 分别属于不同的 AC 管理。下面对 AC 内漫游和 AC 间漫游这两种漫游过程进行说明。

（1）AC 内漫游

AC 内漫游，如图 12-23 所示。

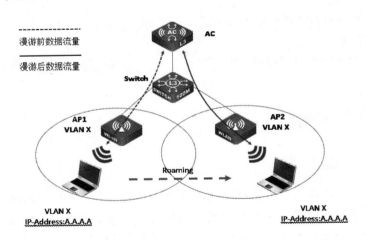

图 12-23　AC 内漫游（同子网）

1）终端通过 AP1 申请同 AC 发生关联，AC 判断该终端为首次接入用户，为其创建并保存相关的用户数据信息，以备将来漫游时使用。

2）该终端从 AP1 覆盖区域向 AP2 覆盖区域移动；终端断开同 AP1 的关联，漫游到与同一 AC 相连的 AP2 上。

3）终端通过 AP2 重新同 AC 发生关联，AC 判断该终端为漫游用户，由于漫游前后在同一个子网中（同属于 VLAN X），AC 仅需更新用户数据库信息，将数据通路改为由 AP2 转发，即可达到漫游的目的。

（2）AC 间漫游

AC 间漫游，如图 12-24 所示。

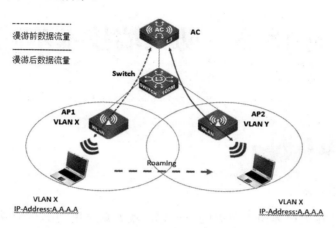

图 12-24　AC 间漫游（不同子网）

1）终端通过 AP1（属于 VLAN X）申请同 AC 发生关联，AC 判断该终端为首次接入用户，为其创建并保存相关的用户数据信息，以备将来漫游时使用。

2）该终端从 AP1 覆盖区域向 AP2（属于 VLAN Y）覆盖区域移动；终端断开同 AP1 的关联，漫游到与同一 AC 相连的 AP2 上。

3）终端通过 AP2 重新同 AC 发生关联，AC 判断该终端为漫游用户，更新用户数据库信息；尽管漫游前后不在同一个子网中，AC 仍然把终端视为从原始子网（VLAN X）连过来一样，允许终端保持其原有 IP 并支持已建立的 IP 通信。

第13章 防火墙技术基础

13.1 防火墙概述

13.1.1 什么是防火墙

13-1 防火墙概述

防火墙原是建在大楼内用于防火的一道墙，就如森林里的隔离带或防止外敌入侵的护城河。在计算机网络中，它是设置在被保护网络和外部网络之间的一道屏障，以防止发生不可预测的、潜在的破坏性入侵，保护网络内部的安全。

防火墙是不同网络（如可信任的企业内部网和不可信的公共网）或网络安全域之间信息的唯一出入口，它本身具有强大的抗攻击能力，可以根据企业的安全政策控制（允许、拒绝、监测）出入网络的信息流。

物理上，防火墙是设置在不同网络或网络安全域之间的一系列部件的组合。逻辑上，防火墙是一个分离器，一个限制器，也是一个分析器。

13.1.2 防火墙的功能

（1）防火墙是网络安全的屏障

防火墙通过过滤不安全的服务降低风险，能极大地提高内部网络的安全性。由于只有经过精心选择的应用协议才能通过防火墙，所以网络环境变得更安全。比如，防火墙可以禁止诸如众所周知的不安全的 NFS 协议进出受保护的网络，这样外部的攻击者就不可能利用这些协议的脆弱性来攻击内部网络。防火墙还可以保护网络免受基于路由的攻击，如 IP 选项中的源路由攻击和 ICMP 重定向中的重定向路径。

（2）防火墙可以强化网络安全策略

通过以防火墙为中心的安全方案配置，能将所有安全软件（如密码、加密、身份认证、审计等）配置在防火墙上。与将网络安全问题分散到各个主机上相比，防火墙的集中安全管理更经济。例如，在网络访问时，一次密口令系统和其他的身份认证系统完全可以不必分散在各个主机上。

（3）对网络存取和访问进行监控审计

如果所有的访问都经过防火墙，那么，防火墙就能记录下这些访问并做出日志记录，同时也能提供网络使用情况的统计数据。当发生可疑动作时，防火墙能进行适当的报警，并提供网络是否受到监测和攻击的详细信息。另外，收集一个网络的使用和误用情况也是非常重要的。首先是可以清楚防火墙是否能够抵挡攻击者的探测和攻击，并且清楚防火墙的控制是否充足。而网络使用统计对网络需求分析和威胁分析等而言也是非常重要的。

（4）防止内部信息的外泄

通过利用防火墙对内部网络的划分，可实现内部网络重点网段的隔离，从而限制了局部重点或敏感网络安全问题对全局网络造成的影响。而且，隐私是内部网络非常关心的问题，一个内部网络中不引人注意的细节可能包含了有关安全的线索而引起外部攻击者的兴趣，甚至因此而暴露了内部网络的某些安全漏洞。使用防火墙就可以隐蔽那些透露内部细节如 Finger、DNS 等服务。Finger 显示了主机的所有用户的注册名、真名，最后登录时间和使用 shell 类型等。但是 Finger 显示的信息非常容易被攻击者所获悉。攻击者可以知道一个系统使用的频繁程度，这个系统是否有用户正在连线上网，这个系统是否在被攻击时引起注意等。防火墙可以同样阻塞有关内部网络中的 DNS 信息，这样一台主机的域名和 IP 地址就不会被外界所了解。

除了安全作用，防火墙还支持具有 Internet 服务特性的企业内部网络技术体系 VPN。通过 VPN，将企事业单位在地域上分布在世界各地的 LAN 或专用子网，有机地联成一个整体。不仅省去了专用通信线路，而且为信息共享提供了技术保障。

13.1.3　防火墙的局限性

（1）限制有用的网络服务

防火墙为了提高被保护网络的安全性，限制或关闭了很多有用但存在安全缺陷的网络系统服务。由于绝大多数网络服务在设计之初根本没有考虑安全性，只考虑使用的方便和资源共享，所以都存在安全问题。这样防火墙将限制这些服务，等于从一个极端走到了另外一个极端。

（2）无法防护内部网络用户的攻击

目前防火墙只是提供对外部网络用户的防护，对来自内部网络用户的攻击只能依靠网络主机系统的安全性。也就是说，防火墙对内部网络用户来讲形同虚设，目前还没有更好的解决办法，只有采用多层防火墙系统。

（3）无法防范不经过防火墙的攻击

假如在一个被保护的网络上有一个没有限制的拨出的存在，内部网络上的用户就可以直接通过 SLIP 或 PPP 连接进入 Internet。用户可能会对需要附认证的代理服务器感到厌烦，因而使用 ISP 或 ISP 连接，从而试图绕过由精心构造的防火墙提供的安全系统。这就为从后门攻击创造了极大的可能。

（4）不能完全防止传送已感染病毒的文件

因为病毒的类型太多，操作系统也有多种，编码与压缩二进制文件的方法也各不相同。所以不能期望 Internet 防火墙去对每一个文件进行扫描，查出潜在的病毒。对病毒特别关心的机构应在每个桌面部署防病毒软件，防止病毒从 U 盘或其他来源进入网络系统。

（5）无法防范数据驱动型的攻击

数据驱动型的攻击从表面上看是无害的数据被邮寄或复制到 Internet 主机上，但一旦执行就开始攻击。例如，一个数据型攻击可能导致主机修改与安全相关的文件，使得入侵者很容易获得对系统的访问权。后面我将会看到，在堡垒主机上部署代理服务器是禁止从外部直接产生网络连接的最佳方式，并能减少数据驱动型攻击的威胁。

（6）不能防备新的网络安全问题

防火墙是一种被动式的防护手段，只能对现在已知的网络威胁起作用。随着网络攻击手段的不断更新和一些新的网络应用的出现，不可能靠一次性的防火墙设置来解决永远的网络安全问题。

13.2　防火墙工作原理

13.2.1　安全区域

（1）区域定义

Trust：允许多个物理接口 / 端口将本区域内不同的网络子网的多个接口组合成一个集合管理。进出本区域的默认流量被阻断，并继承最高安全的区域。然而，流量之间属于这个区域端口的将会被允许。

DMZ（非军事区域）：本区域通常用来接入公用服务器。基于设备的使用和网络的设计，Surf-NGSA 允许组合多个物理接口 / 端口在本区域。

Untrust：本区域为用来提供互联网接入服务，也被叫作互联网区域。

VPN：本区域为用来提供远程安全连接。开启本区域并不分配物理接口 / 端口。无论何时 VPN 连接已建立，端口 / 接口会自动增加连接直到本区域断开连接，端口将从区域自动删除。 就像所有其他默认区域，流量扫描和接入策略能够被应用到本区域。

（2）区域划分示意图（见图 13-1）

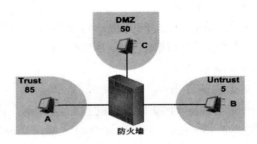

图 13-1　区域划分示意图

（3）区域管理

执行“网络”→“接口”→“区域”命令，查看默认区域，如图 13-2 所示。

接口　区域

添加　删除　　每页显示数量 20　(1/1)

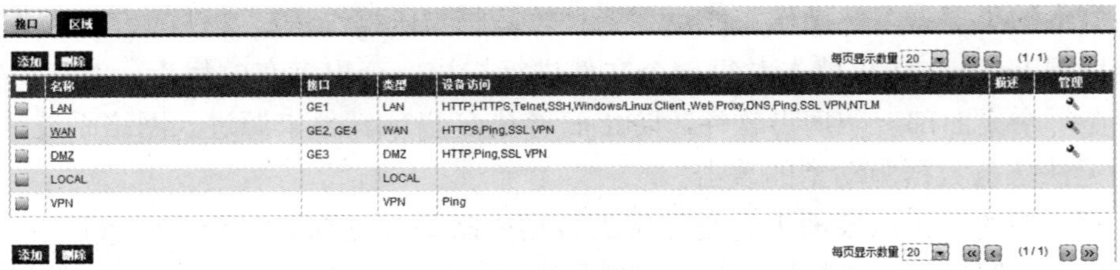

名称	接口	类型	设备访问	描述	管理
LAN	GE1	LAN	HTTP,HTTPS,Telnet,SSH,Windows/Linux Client ,Web Proxy,DNS,Ping,SSL VPN,NTLM		
WAN	GE2, GE4	WAN	HTTPS,Ping,SSL VPN		
DMZ	GE3	DMZ	HTTP,Ping,SSL VPN		
LOCAL		LOCAL			
VPN		VPN	Ping		

添加　删除　　每页显示数量 20　(1/1)

图 13-2　查看默认区域

区域管理详见表 13-1。

表 13-1　区域管理

对　象	描　述
添加按钮	添加一个新的区域
名称	区域名称
接口	对应该区域物理接口
类型	类型区域已选择——LAN、WAN、DMZ、本地或 VPN
设备接入	接入一个区域名称
描述	区域描述
管理	编辑区域

1）添加域。执行"区域"→"添加"命令，如图 13-3 所示。

图 13-3　添加域

添加域配置详见表 13-2。

表 13-2　添加域配置

名　称	定制名称区域
类型	选择区域类型——LAN、DMZ LAN：本区域通常为局域网 DMZ：本区域通常用来提供安全的服务器区
成员端口	该区域所属端口
设备接入	管理服务——开启管理服务允许通过区域 ◆ HTTP：允许 HTTP 通过本区域连接到 Web 管理端 ◆ HTTPS：允许安全 HTTPS 通过本区域连接到 Web 管理端 ◆ Telnet：允许 Telnet 连接到 CLI 通过本区域 ◆ SSH：允许 SSH 连接到 CLI 通过本区域 认证服务——开启认证服务允许通过区域 ◆ 窗口 s/Linux 客户端 ◆ Captive 界面 网络服务——开启网络服务允许通过区域 ◆ DNS：允许本区域响应 DNS 请求 ◆ Ping：允许本区域响应 pings Other 服务——开启其他服务允许通过区域 ◆ Web 代理 ◆ SSL VPN

2）域接口划分。执行"网络"→"接口"命令，查看接口，如图 13-4 所示。

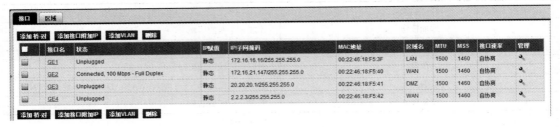

图 13-4 域接口划分

接口配置详见表 13-3。

表 13-3 接口配置

对 象	描 述
名称	接口名称
状态	接口连接状态
IP 分配	IP 分配类型——静态、PPPoE、DHCP
IP/ 子网掩码	IP 地址和子网掩码
MAC 地址	选择 MAC 地址
区域名称	区域接口类型或子接口
MTU	配置最大传输单元
MSS	最大指定分段大小
接口速率	配置接口速率
管理	管理接口

单击相关接口，如"GE4"，对该接口进行域划分，如图 13-5 所示。

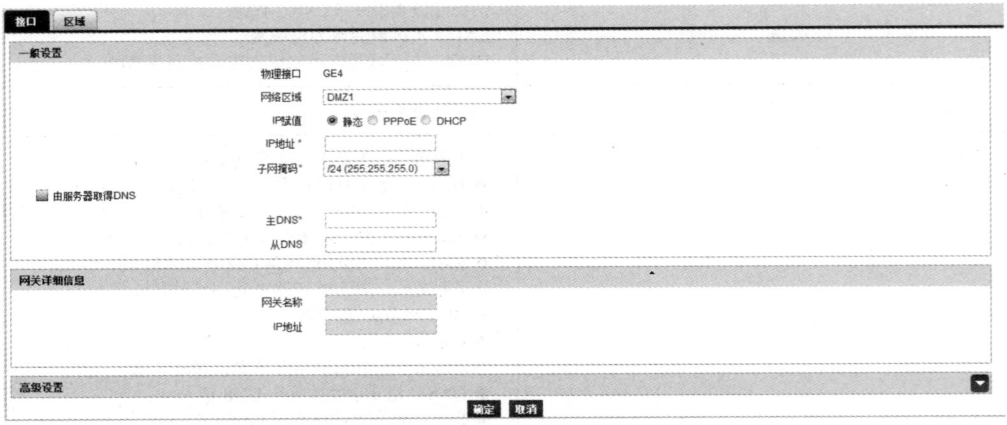

图 13-5 对接口进行详细划分

接口详细配置详见表 13-4。

表 13-4　接口详细配置

对　象	描　述
物理接口	物理接口。比如，端口 A、端口 B
网络区域	接口无法被更改
IP 分配	选择 IP 分配类型： 静态：静态 IP 地址可为所有区域 PPPoE：PPPoE 只有 WAN 区域。如果 PPPoE 配置 WAN 端口将会被显示为 PPPoE 接口 DHCP：DHCP 只有 WAN 区域
IP 地址	指定 IP 地址
子网掩码	指定网络子网掩码
主、从 DNS	配置主、从 DNS 服务器 IP 地址
网关	进行网关的详细设置

13.2.2　防火墙规则

防火墙规则或者叫防火墙策略用于定义各区域（LAN、WAN、DMZ）之间的访问策略，如允许、拒绝、丢弃等，同时可以通过身份验证机制实现基于用户身份的访问策略。此外防火墙规则还可以结合应用程序过滤、网页过滤、IPS、AV、反垃圾、带宽管理、WAF 等安全防护措施，实现立体化的安全防护体系。

防火墙的策略管理是基于区域的概念进行的。区域是一个逻辑概念，一个区域其实是一些接口的集合，被应用了策略规则的域即为安全域。安全域将网络划分为不同部分，例如，Trust（通常为内网等可信任部分）、Untrust（通常为互联网等存在安全威胁的不可信任部分）等。将配置的策略规则应用到安全域上后，防火墙就能够对出入安全域的流量进行管理和控制。

防火墙的接口是一个物理存在的实体，承载着出入防火墙连接的不同区域的流量。所以为使流量能够流入和流出某个安全域，必须将接口绑定到该安全域。只有绑定到三层安全域的接口才可以配置 IP 地址。多个接口可以被绑定到一个安全域，但是一个接口不能被绑定到多个安全域。允许流量在不同安全域中的接口之间传输，必须配置相应的策略规则应用于安全域。防火墙的接口必须划分到相应的区域，以便后续策略的制定，如图 13-6 所示。

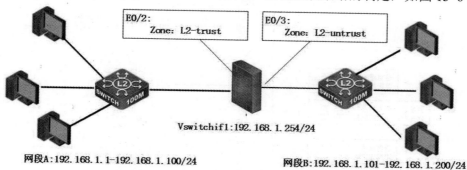

图 13-6　将防火墙接口划分到相应区域

13.2.3　路由模式与透明模式

防火墙一般有 3 种工作模式：路由模式、透明模式和混合模式。要在不改变目前网络结构的情况下把防火墙接入网络，要选择透明模式。防火墙在透明模式下工作时，对用户来说像是网桥或交换机,用户感觉不到防火墙的存在,所以称为透明模式,而无须重新设定和修改路由器。在透明模式下,防火墙的功能要受到一些限制,某些过滤功能在透明模式下无法实现。

防火墙只有工作在路由模式才能够起到智能网关的作用,在内网与外网之间起到安全防范作用。当防火墙工作在路由模式时,需要对网络拓扑进行修改(内部网络用户需要更改网关、路由器需要更改路由配置等),此时相当于一台路由器。防火墙的 Trust 区域接口与公司内部网络相连,Untrust 区域接口与外部网络相连。采用路由模式时,可以完成 ACL 包过滤、ASPF 动态过滤、NAT 转换等功能。然而,路由模式是一件相当麻烦的工作,因此在使用该模式时需要权衡利弊。路由模式如图 13-7 所示。透明模式如图 13-8 所示。

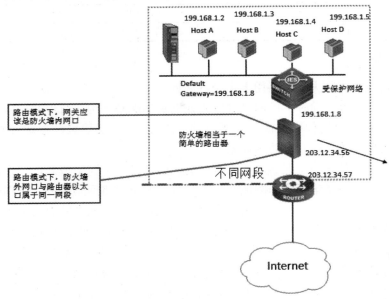

图 13-7 防火墙路由模式示意图

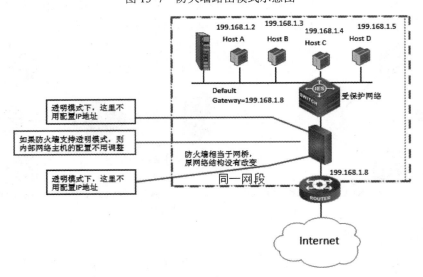

图 13-8 防火墙透明模式示意图

13.2.4 防火墙 NAT

NAT（Network Address Translation，网络地址转换）允许一个整体机构以一个公用 IP 地址出现在 Internet 上。顾名思义，它是一种把内部私有网络地址（IP 地址）翻译成合法公用 IP 地址的技术。

1. NAT 的功能

NAT 就是在局域网内部网络中使用内部地址，而当内部节点要与外部网络进行通信时，就在网关处将内部地址替换成公用地址，从而在外部公网上正常使用。NAT 可以使多台计算机共享 Internet 连接，这一功能很好地解决了公共 IP 地址紧缺的问题。通过这种方法，用户可以只申请一个合法 IP 地址，就把整个局域网中的计算机接入 Internet 中。并且，NAT 屏蔽了内部网络，所有内部网计算机对于公共网络来说是不可见的，而内部网计算机用户通常不会意识到 NAT 的存在。NAT 无法将在互联网上使用的保留 IP 地址翻译成可以在互联网上使用的合法的公网 IP 地址。

2. NAT 的类型

（1）静态地址转换（见图 13-9）

静态地址转换（Static NAT）：静态 NAT 是设置起来最为简单和最容易实现的一种，内部网络中的每个主机都被永久映射成外部网络中的某个合法的地址。

特点：

- 指定的内部地址静态地映射为指定的外部地址
- 一对一

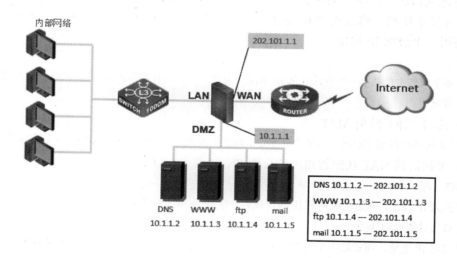

图 13-9 静态 NAT 示意图

（2）动态地址转换（见图 13-10）

动态地址转换（Dynamic NAT）：它为每一个内部的 IP 地址分配一个临时的公用 IP 地址。动态 NAT 主要应用于拨号，对于频繁的远程连接也可以采用动态 NAT。当远程用户连接之后，动态地址 NAT 就会为其分配一个公用 IP 地址，用户断开后这个 IP 地址就会被释放而留待以后使用。

特点：

　　- 多个内部地址与多个外部地址的动态随机映射

　　- 多对多

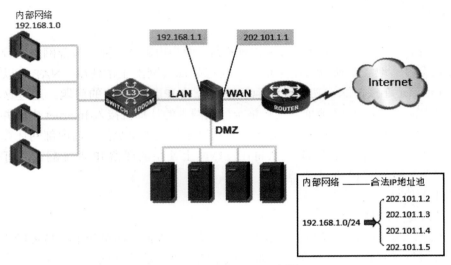

图 13-10　动态 NAT 示意图

（3）端口地址转换 PAT

网络地址和端口转换（Network Address Port Translation）：这是最普遍的情况，网络地址 / 端口转换器检查、修改包的 IP 地址和 TCP/UDP 端口信息，这样，更多的内部主机就可以同时使用一个公网 IP 地址。

特点：

　　- 多个内部主机共享一个合法外部 IP 地址，通过改变外出数据包的源端口并进行端口映射完成

　　- 多对一

（4）端口（IP）映射 MAP

- 外部主机访问内部主机时，将某个外部合法地址的某个端口映射多个内部地址的特定端口

（5）神州数码 NAT 从配置角度还分为 SNAT 和 DNAT

-SNAT（源 NAT）

　　转换源 IP 地址，从而隐藏内部 IP 地址或者分享 IP 有限的 IP 地址

-DNAT（目的 NAT 规则）

转换目的 IP 地址，通常是将受防火墙保护的内部服务器（如 WWW 服务器或者 SMTP 服务器）的 IP 地址转换成公网 IP 地址。

　　主要应用：通过 IP 映射或者端口映射对外发布服务器

3. NAT 的局限性

理论上一个全球唯一的 IP 地址后面可以连接几百台、几千台甚至几百万台拥有专用地址的主机。但是，这实际上存在着缺陷。例如，许多 Internet 协议和应用依赖于真正的端到端网络，数据包完全不加修改地从源地址发送到目的地址。比如，IP 安全架构不能跨

NAT 设备使用，因为包含 IP 源地址的原始包头可能采用了数字签名，如果改变源地址，则数字签名将不再有效。

NAT 还提出了管理上的挑战。尽管 NAT 对于一个缺少足够的全球唯一 Internet 地址的组织、分支机构或者部门来说是一种不错的解决方案。但是当需要对两个或更多的专用网络进行整合时，它就变成了一种严重的问题。甚至在组织结构稳定的情况下，NAT 系统不能多层嵌套，从而造成路由噩梦。

13.3　防火墙基本配置

13.3.1　防火墙的设备知识

1．认识防火墙外观特性

DCFW-1800E-N3002 硬件防火墙属于神州数码 DCFW-1800 系列安全网关家族中的一员，外形尺寸为 442.0mm×240.7mm×44.0mm，可以安装在 19in（1in=25.4mm）标准机柜中使用，也可以独立卧式使用。

（1）前面板介绍

DCFW-1800E-N3002 安全网关前面板有 9 个千兆电口、1 个配置口、1 个 CLR 按键、1 个 USB 接口及状态指示灯，图 13-11 是该设备的前视图。

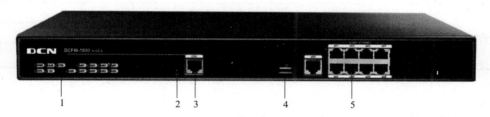

图 13-11　DCFW-1800E-N3002 前视图

对应的指示灯及接口的意义说明见表 13-5。

表 13-5　DCFW-1800E-N3002 前面板标识说明

序　号	标识及说明	序　号	标识及说明
1	设备指示灯区域，包括 PWR（电源指示灯）、STA（状态指示灯）、ALM（警告指示灯）、HA（高可用状态指示灯）	4	USB（USB 接口）
2	CLR（CLR 按键）	5	e0/0-e0/8（以太网电口）
3	CON（配置口）		

（2）指示灯的状态

从图 13-11 可以看出，DCFW-1800E-N3002 硬件防火墙前面板上有 5 个指示灯，另外每个以太网接口对应有一个指示灯。它们所呈现的颜色、对应的状态及其代表的含义见表 13-6。

表 13-6　DCFW-1800E-N3002 前面板指示灯含义

指 示 灯	颜色/状态	含 义
PWR	绿色常亮	系统电源工作正常
	橙色常亮	电源工作异常
	红色常亮	电源工作异常，此时系统进入关闭状态
	熄灭	系统没有供电或处于关闭状态
STA	绿色常亮	系统处于启动状态
	绿色闪烁	系统已启动并且正常工作
	红色常亮	系统启动失败或者系统异常
ALM	红色常亮	系统告警
	绿色闪烁	系统处于等待状态
	熄灭	系统正常
	橙色闪烁	系统正在使用试用许可证
	橙色	系统的试用许可证已过期，无合法许可证
HA	绿色常亮	只有一台设备，工作在 Master 状态
	绿色闪烁	有一主一备两台设备，本机工作在 Master 状态
	橙色闪烁	有一主一备两台设备，本机工作在 Slave 状态
	红色闪烁	HA 功能异常
E0/1	绿色常亮	端口与对端设备通过网线连接正常
	橙色闪烁	端口处于收发数据状态
	熄灭	端口与对端设备无连接或连接失败

经验分享

　　DCFW-1800E-N3002 安全网关设备安装过程包括安装挂耳与安装机柜，具体过程与路由器交换机相同，可以参见前面章节交换机的安装与上架。线缆连接包括地线连接、配置电缆连接、以太网电缆连接以及电源线连接，连接方法分别与路由器相同，连接完检查接口指示灯状态正常即可使用。

　　2. 搭建防火墙的配置环境

　　初次使用防火墙时，首先需要对防火墙设备进行安装配置。没有接入网络之前，管理员只能搭建本地配置环境，即带外管理，此时只能使用命令行（CON 口）配置环境。对于初学者来说，不太熟悉命令行，可以把防火墙接入网线，即可使用带内管理，可选择 WebUI 和 SSH 两种管理配置方式。

　　（1）命令行（CON 口）配置及配置模式

　　命令行环境配置比较快捷方便，省去查找页面的烦琐，适合熟悉命令的管理员。搭建配置环境的步骤如下。

　　步骤 1：用配置电缆将计算机的串口与 DCFW-1800 系列安全网关的配置口连接起来，如图 13-12 所示。

串口线

图 13-12 命令行（CON 口）配置环境

步骤 2： 在计算机上运行终端仿真程序（Windows 7/Windows 10 等操作系统的超级终端）建立与防火墙的连接。将终端通信参数设置为 9600bit/s、8 位数据位、1 位停止位、无奇偶校验和无流量控制。

步骤 3： 给防火墙设备加电。设备会进行硬件自检，并且自动进行系统初始化配置。如果系统启动成功，会出现登录提示"login："。在提示后输入默认管理员名称"admin"并按 <Enter> 键，界面出现密码提示"password"，输入默认密码"admin"并按 <Enter> 键，此时用户便成功登录并且进入 CLI 配置界面，如图 13-13 所示。

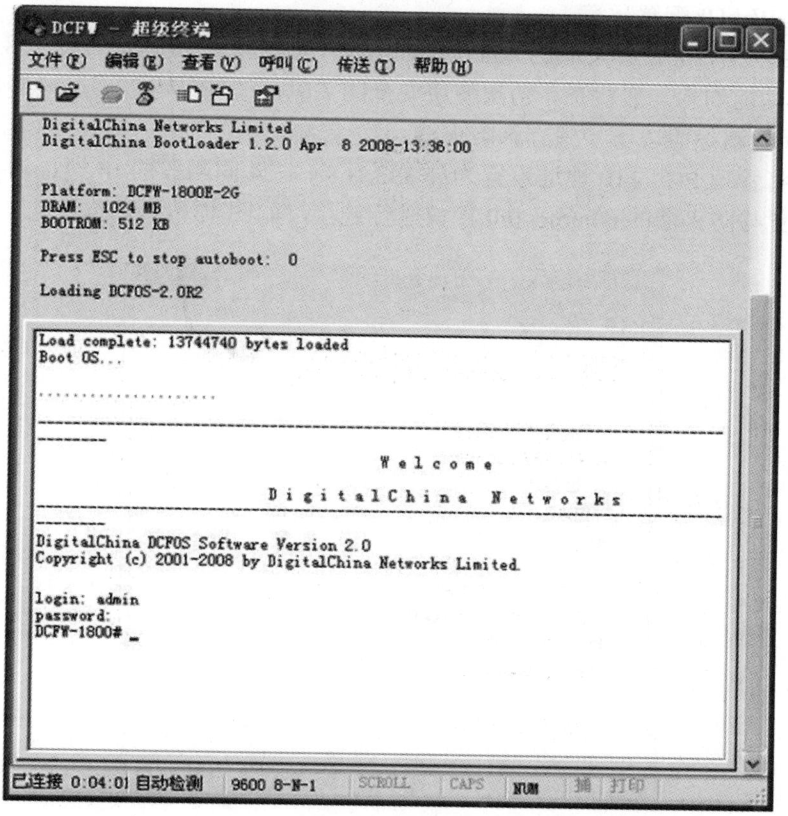

```
DCFW — 超级终端
文件(F) 编辑(E) 查看(V) 呼叫(C) 传送(T) 帮助(H)

DigitalChina Networks Limited
DigitalChina Bootloader 1.2.0 Apr  8 2008-13:36:00

Platform: DCFW-1800E-2G
DRAM:  1024 MB
BOOTROM: 512 KB

Press ESC to stop autoboot:  0

Loading DCFOS-2.0R2

Load complete: 13744740 bytes loaded
Boot OS...

.....................
_____

                  W e l c o m e
         D i g i t a l C h i n a   N e t w o r k s
_____

DigitalChina DCFOS Software Version 2.0
Copyright (c) 2001-2008 by DigitalChina Networks Limited.

login: admin
password:
DCFW-1800# _
```

已连接 0:04:01 自动检测 9600 8-N-1   SCROLL   CAPS   NUM   摘 打印

图 13-13 防火墙启动登录界面

步骤 4： 进入防火墙的执行模式，该模式的提示符包含了一个数字符号（#）：

DCFW-1800#

步骤 5：在执行模式下，输入 configure 命令，可进入全局配置模式。提示符如下所示：

DCFW-1800(config)#

步骤 6：防火墙的不同模块功能需要在其对应的命令行子模块模式下进行配置。在全局配置模式输入特定的命令可以进入相应的子模块配置模式。例如，运行 interface ethernet0/0 命令进入 ethernet0/0 接口配置模式，此时的提示符变更为：

DCFW-1800(config-if-eth0/0)#

防火墙常用配置模式间的切换命令见表 13-7。

表 13-7　防火墙常用配置模式间的切换命令

模　　式	命　　令
执行模式到全局配置模式	configure
全局配置模式到子模块配置模式	不同功能使用不同的命令进入各自的命令配置模式
退回到上一级命令模式	Exit
从任何模式回到执行模式	end

（2）搭建 WebUI 配置环境

DCFW-1800E-N3002 防火墙的 ethernet 0/0 接口配有默认 IP 地址 192.168.1.1/24，该接口的各种管理功能均为开启状态。初次使用安全网关时，管理员可以通过该接口访问防火墙的 WebUI 页面。请按照以下步骤登录防火墙。

步骤 1：将管理 PC 的 IP 地址设置为与 192.168.1.1/24 同网段的 IP 地址，并且用网线将管理 PC 的配置与防火墙的 ethernet 0/0 接口进行连接，如图 13-14 所示。

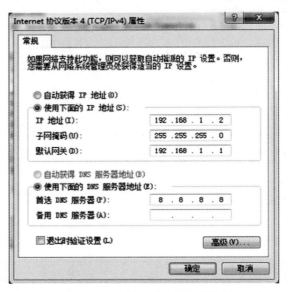

图 13-14　管理 PC 配置与防火墙同网段的 IP 地址

步骤 2：打开管理 PC 的 Web 浏览器，在地址栏中输入 http://192.168.1.1 并按 <Enter> 键。出现登录页面如图 13-15 所示。

图 13-15　防火墙登录页面

步骤 3：输入管理员的名称和密码。DCFW-1800 系列安全网关提供的默认管理员名称和密码均为"admin"。

步骤 4：单击"登录"按钮进入安全网关的主页。

在首次登录地址时，用户需要阅读并接受"最终用户许可协议"。单击"最终用户许可协议"链接，可查看协议详细内容。

（3）搭建 Telnet 和 SSH 配置环境

按照图 13-16 实验拓扑搭建实验环境。

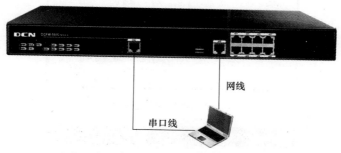

图 13-16　搭建 SSH 配置环境连接示意图

步骤 1：首先利用 CON 口配置模式进入防火墙管理命令行，运行 manage telnet 命令开启被连接接口的 Telnet 管理功能。命令如下：

```
FW-1800#configure
DCFW-1800(config)#interface Ethernet 0/0
DCFW-1800(config-if-eth0/0)#manage telnet
```

步骤 2：运行 manage ssh 开启 SSH 管理功能。

```
DCFW-1800(config-if-eth0/0)#manage ssh
```

步骤 3：配置 PC 的 IP 地址为 192.168.1.*，从 PC 尝试与防火墙的 Telnet 连接，如图 13-17 所示。

步骤 4：Telnet 连接成功后，按照提示输入默认的管理员用户名和密码：admin，登录到防火墙，出现防火墙执行模式提示符，如图 13-18 所示。

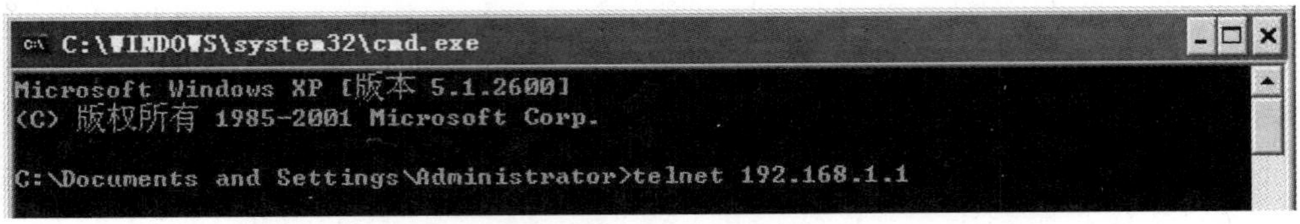

图 13-17 PC 尝试与防火墙 Telnet 连接

图 13-18 Telnet 连接成功到防火墙

步骤 5：在此执行模式提示符下，输入 show configure 命令可查看当前防火墙配置情况。

步骤 6：在 PC 上安装 SSH 客户端软件后，尝试从 PC 到防火墙的 SSH 连接，如图 13-19 所示。连接成功后，输入默认的用户名和口令：admin，如图 13-20 所示。

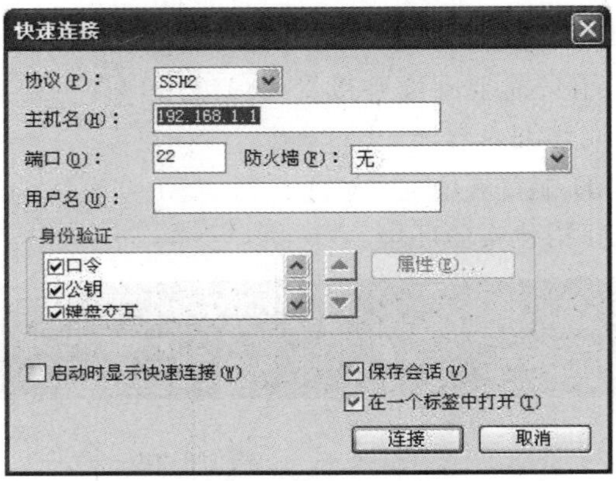

图 13-19 创建 SSH 连接防火墙

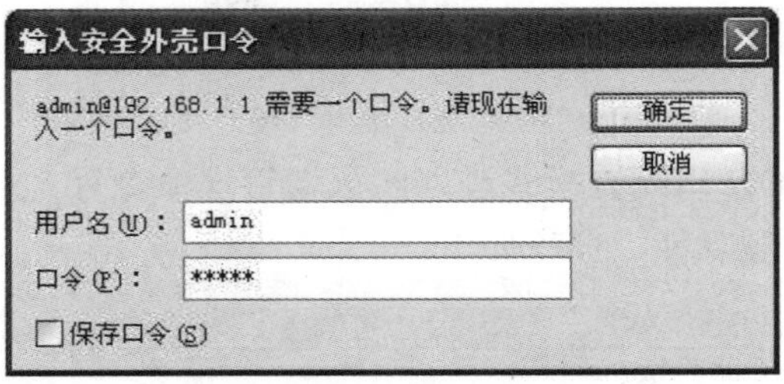

图 13-20 输入用户名和密码

13.3.2 防火墙的基本管理

1. 安装许可证

在获得许可证字符串或者许可证文件后，按照以下步骤安装许可证。

步骤 1：单击"系统"→"许可证"。

步骤 2：在"许可证申请"处，选择图 13-21 中三种方式的一种导入许可证。

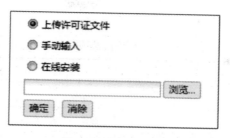

图 13-21 安装许可

上传许可证文件：选中"上传许可证文件"单选按钮，单击"浏览"按钮，并且选中许可证文件（许可证为纯文本 .txt 文件）。

手动输入：选中"手动输入"单选按钮，然后将许可证字符串内容输入到对应的文本框。

在线安装：选中"在线安装"单选按钮后，单击"在线安装"按钮，系统会自动安装已经购买的许可证。如果遇到问题，请联系神州数码售后工作人员。

步骤 3：单击"确定"按钮。

步骤 4：单击"系统"→"设备管理"，在"设置及操作"标签页，单击"重启设备"。设备重启之后完成许可证的安装。

2．配置系统管理员

系统管理员拥有读、执行和写的权限，可以在任何模式下对设备所有功能模块进行配置、查看当前或者历史配置信息。

创建系统管理员，请按照以下步骤进行操作。

步骤 1：单击"系统"→"设备管理"。

步骤 2：在"管理员"标签页，单击"新建"按钮。

在"管理员配置"对话框填写系统管理员的基本信息，如图 13-22 所示。

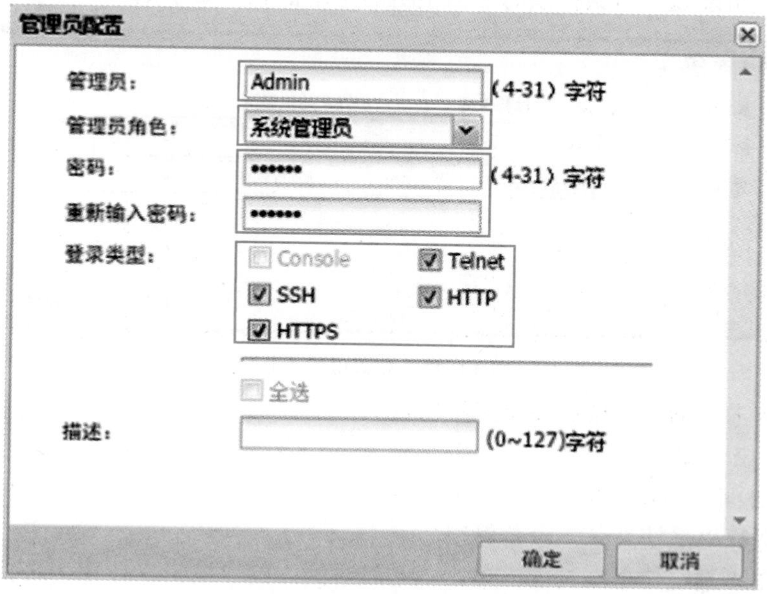

图 13-22 配置管理员账户

管理员选项配置值见表 13-8。

表 13-8　管理员选项配置值

选　　项	配　置　值
管理员	Admin
管理员角色	选择"系统管理员"
密码	123456
重新输入密码	123456
登录类型	选择 Telnet、SSH、HTTP 和 HTTPS 的方式登录

步骤 3：单击"确定"按钮保存所做配置。

注意：设备拥有一个默认系统管理员"admin"，用户可以对系统管理员"admin"进行编辑（只可编辑密码和访问方式），但是不能删除该管理员。

3．创建可信主机

系统管理员可以指定一个 IP 地址范围，在该指定范围内的主机为可信主机。只有可信主机才可以对防火墙进行管理。

创建可信主机，请按照以下步骤进行操作。

步骤 1：单击"系统"→"设备管理"。

步骤 2：选择"可信主机"标签页，单击"新建"按钮。

在"可信主机配置"对话框填写可信主机的基本信息，如图 13-23 所示。

图 13-23　配置可信主机

步骤 3：单击"确定"按钮保存所做配置。

4．配置系统时间

配置系统时间，请按照以下步骤进行操作。

步骤 1：选择"系统"→"设备管理"。

步骤 2：在"系统信息"页面，单击"系统时间"的"编辑"按钮，进行时间配置，如图 13-24 所示。系统时间选项配置见表 13-9。

图 13-24　"系统信息"页面

表 13-9　系统时间选项配置

选　项	说　明
与本地时间同步	选择需要同步本地时间的方式，选择"仅同步时间"或"同步时区与时间"按钮 仅同步时间：使系统时间与本地计算机时间同步 同步时区与时间：使系统时区和时间与本地计算机的时区和时间同步
指定系统时间	配置系统时间的参数信息 时区：指定系统所在时区 日期：指定系统的日期 时间：指定系统的时间

步骤 3：单击"确定"按钮保存所做配置。

5．设置 NTP

设备的系统时间影响到 VPN 隧道的建立和时间表的时间，因此保证系统时间的精确性十分重要。为保证设备系统能够一直保持精确时间，设备允许用户通过 NTP 来使系统时间与网络上的 NTP 服务器同步。

配置 NTP，请按照以下步骤进行操作。

步骤 1：选择"系统"→"设备管理"，进入设备管理页面。

步骤 2：单击"系统时间"标签，在"设置 NTP"处进行配置。NTP 选项配置见表 13-10。

表 13-10　NTP 选项配置

选　项	说　明
启用	选中"启用"复选框，开启 NTP 功能。默认情况下，系统的 NTP 功能是关闭的
认证	选中"认证"复选框，开启 NTP 身份验证
服务器	指定设备需要同步的 NTP 服务器，用户最多可以指定 3 个 NTP 服务器 IP：在文本框中输入服务器的 IP 地址 密钥：指定可以通过该服务器验证的密钥。如果要在配置的时钟服务器上使用 NTP 身份验证功能，用户必须指定密钥参数值 虚拟路由器：指定进行 NTP 通信的接口所属的 VR 源接口：指定设备上发送和接收 NTP 包的接口 设置为首选服务器：单击"设置为首选服务器"按钮将对应的服务器设置为首选服务器。设备首先与首选服务器进行时间同步

（续）

选　项	说　明
同步间隔	在"同步间隔"文本框中输入同步间隔的时间。设备每隔一个同步间隔就与服务器做一次同步，以保证设备系统时间的准确
最大调整时间	在"最大调整时间"文本框中输入最大调整时间的值。如果设备和 NTP 时钟服务器的时间差在最大调整时间之内，就能成功进行时间同步，否则同步不成功

步骤 3：单击"确定"按钮保存所做配置。

6. 配置管理接口

设备支持 Console、Telnet、SSH 以及 Web 方式的访问。用户可以配置各种访问方式的超时时间、端口号、HTTPS 的 PKI 信任域以及证书认证信任域。使用 Telnet、SSH、HTTP 或者 HTTPS 方式登录设备时，如果在一分钟内连续三次登录失败，系统会将登录失败的 IP 地址锁定两分钟。被锁定的 IP 地址在两分钟内不能建立与设备的连接。

配置 Console、Telnet、SSH 以及 Web 方式访问的相关参数，请按照以下步骤进行操作。

步骤 1：选择"系统"→"设备管理"。

步骤 2：单击"管理接口"标签，进入到管理接口配置页面。管理接口选项配置见表 13-11。

表 13-11　管理接口选项配置

选　项	说　明
Console	配置使用 Console 管理口登录的参数信息 超时：输入 Console 登录的超时时间。单位为分钟，取值范围为 0 到 60，默认值为 10。若取值为 0，表示 Console 方式访问无时间限制。系统若发现用户在超时时间内未通过 Console 口进行任何配置，将断开此次 Console 连接
Telnet	配置 Telnet 登录的参数信息 超时：输入 Telnet 登录的超时时间。单位为分钟，取值范围为 1 到 60，默认值为 10 端口：输入 Telnet 登录使用的 TCP 端口号，取值范围为 1 到 65535，默认值为 23
SSH	配置 SSH 登录的参数信息 超时：输入 SSH 登录的超时时间。单位为分钟，取值范围为 1 到 60，默认值为 10 端口：输入 SSH 登录使用的 TCP 端口号，取值范围为 1 到 65535，默认值为 22
Web	配置 WebUI 登录的参数信息 超时：输入 WebUI 登录的超时时间。单位为分钟，取值范围为 1 到 1440，默认值为 10 HTTP 端口：输入 HTTP 登录使用的 TCP 端口号，取值范围为 1 到 65535，默认值为 80 HTTPS 端口：输入 HTTPS 登录使用的 TCP 端口号，取值范围为 1 到 65535，默认值为 443 HTTPS 信任域：从下拉菜单中选择 HTTPS 登录的 PKI 信任域。当使用 HTTPS 方式登录设备时，系统会使用指定 PKI 信任域中的证书 证书认证：证书包括两种，客户端数字证书和由根 CA 签名的二级 CA 证书。证书认证属于双因素认证的一种。双因素认证是指除了对用户名和密码进行认证外，还需要进行其他方式的认证，如证书和指纹等 证书绑定信任域：开启证书认证登录功能后，当使用 HTTPS 方式登录设备时，系统会使用此 PKI 信任域中的证书进行认证。此信任域必须导入 CA 根证书

步骤 3：点击"确定"按钮保存所做配置。

注意：当改变 HTTP 端口、HTTPS 端口、HTTPS 信任域时，Web 服务器需要重启，这可能会导致浏览器无法得到回应。当这种情况发生时，请重新登录。

7. 系统设置及操作

系统设置及操作包括设置系统语言、配置管理员认证服务器、配置主机名称、设置密码策略、重启设备和导出系统调试信息。

更改系统设置，请按照以下步骤进行操作。

步骤 1：选择"系统"→"设备管理"，进入设备管理页面。

步骤 2：单击"设置及操作"标签进入到"设置及操作"页面，如图 13-25 所示。

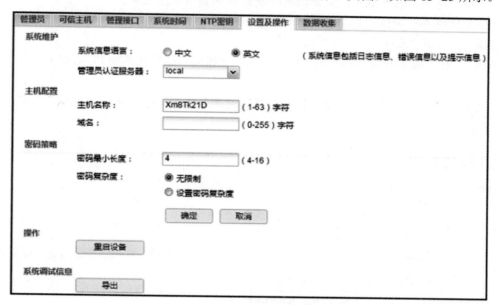

图 13-25 "设置及操作"页面

设置及操作配置说明见表 13-12。

表 13-12 设置及操作配置说明

设置及操作	说 明
系统维护	配置系统信息语言和管理员认证服务器 系统信息语言：选择系统提示（如日志，错误提示）所使用的语言，可选中文或者英文 管理员认证服务器：在"管理员认证服务器"下拉菜单中选择系统管理员认证服务器
主机配置	某些情况下，用户的网络环境中会配有一台以上设备，为区分这些设备，就需要为每一台设备指定不同的名称。设备的默认名称是其平台名称 主机名称：在"主机名称"文本框中输入设备的主机名称 域名：在"域名"文本框中输入设备的域名
密码策略	配置管理员密码策略 密码最小长度：在"密码最小长度"文本框中输入密码的最小长度，取值范围为 4 至 16，默认值为 4 密码复杂度：用户可以选择"无限制"单选按钮不对密码复杂度进行检测，或者选择"设置密码复杂度"，来自定义密码复杂度 大写字母长度：取值范围为 0 到 16，默认值为 2 小写字母长度：取值范围为 0 到 16，默认值为 2 数字长度：取值范围为 0 到 16，默认值为 2 特殊字符长度：取值范围为 0 到 16，默认值为 2 密码有效期：单位为天，取值范围为 0 到 365，默认值为 0，表示不对有效期进行限制

步骤3：单击"确定"按钮保存所做配置。

8. 升级系统版本

注意：在升级系统版本之前，建议用户备份配置文件。

升级系统版本，请按照以下步骤进行操作。

步骤1：单击"系统"→"升级管理"。

步骤2：在"版本升级"标签页，单击"浏览"按钮，然后在本地PC选择新的软件版本文件。

步骤3：勾选"立即重启，使新版本生效"前的复选框，然后单击"应用"按钮，如图13-26所示。

图13-26 升级系统

设备将自动重启并且升级到新的系统版本。

9. 升级特征库

默认情况下，系统会每日自动更新特征库。

注意：所有特征库升级受许可证控制，如需升级特征库，请先确保已购买并安装完成对应的许可证。

升级特征库，请按照以下步骤进行操作。

步骤1：选择"系统"→"升级管理"。

步骤2：在"特征库升级"标签页，找到需要升级的特征库部分。

步骤3：选择以下两种方式中的一种升级特征库。

远程升级：单击"立即在线升级"按钮，立即升级特征库。

本地升级：上传本地升级文件。单击"浏览"按钮，选中本地特征库升级文件，单击"上传"按钮，系统开始上传特征库信息。

　　10．恢复出厂配置

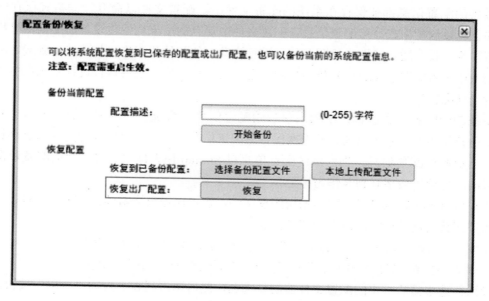

　　　　　　注意：该操作将使设备恢复到出厂配置，即所有配置将被删除，包括已备份的系统配置文件。请谨慎操作！

　　恢复设备的出厂配置有两种方法。

　　方法一：通过 CLR 按键方式

　　使用 CLR 按键恢复出厂配置，请按照以下步骤进行操作。

　　步骤 1：关闭设备的电源。

　　步骤 2：用针状物按住 CLR 按键的同时打开设备的电源。

　　步骤 3：保持按住状态直到指示灯 STA 和 ALM 均变为红色常亮，释放 CLR 按键。此时系统开始恢复出厂配置。

　　出厂配置恢复完毕，系统将自动重新启动。

　　方法二：通过 WebUI 方式

　　通过 WebUI 清除配置以恢复出厂配置。

　　通过 WebUI 方式恢复出厂配置，请按照以下步骤进行操作。

　　步骤 1：单击"系统"→"配置文件管理"。

　　步骤 2：单击"备份恢复"按钮。

　　步骤 3：在"配置备份 / 恢复"对话框，单击"恢复"按钮，如图 13-27 所示。

图 13-27　恢复出厂配置

　　步骤 4：在"恢复出厂配置"对话框，单击"确定"按钮。

设备将自动重启，重启后完成恢复出厂配置。

11．重启系统

安装许可证、系统升级等操作需要设备重启才能生效。

重启设备，请按照以下步骤进行操作。

步骤1：选择"系统"→"设备管理"，然后单击"设置及操作"标签。

步骤2：单击"重启设备"，然后在提示对话框单击"确定"。

系统将重新启动。

12．导出系统调试信息

系统调试功能可以帮助用户对错误进行诊断和定位。设备的各种协议和功能基本上都具有相应的调试功能。默认情况下，所有协议和功能的系统调试功能是关闭的。用户只可以通过命令行界面对系统调试功能进行配置。

导出系统调试信息，请按照以下步骤进行操作。

步骤1：选择"系统"→"设备管理"，然后单击"设置及操作"标签。

步骤2：单击"导出"按钮，将调试文件保存并发送给厂商进行诊断。

13．数据收集

当用户开启并使用数据收集功能后，在系统运行过程中，部分数据将会被上传到云端，被用于内部的数据研究以减少用户设备的误报并实现更好的防护效果。

开启数据收集，请按照以下步骤进行操作。

步骤1：选择"系统"→"设备管理"，然后单击"数据收集"标签。

步骤2：根据需要，在"数据项"中勾选"故障反馈"或"威胁数据"复选框。

14．备份/恢复配置文件

设备的配置信息都被保存在系统的配置文件中。配置文件以命令行的格式保存配置信息，并且也以这种格式显示配置信息。配置文件中保存的用来初始化设备的配置信息称作起始配置信息，设备通过读取起始配置信息进行启动时的初始化工作；如果找不到起始配置信息，则使用设备的默认参数初始化。与起始配置信息相对应，设备运行过程中正在生效的配置称为当前配置信息。

系统起始配置信息包括系统的当前起始配置信息（系统启动时使用的配置信息）和系统的备份起始信息。系统记录最近十次保存的配置信息，最近一次保存的配置信息会记录为系统的当前起始配置信息，当前系统配置信息以Startup作为标记。前九次的配置信息按照保存时间的先后以数字0到8作为标记。

用户可以导出、删除已创建的系统配置文件，也可以导出当前的系统配置文件。

管理配置文件，请按照以下步骤进行操作。

步骤1：选择"系统"→"配置文件管理"，进入配置文件管理页面。

步骤2：选择"配置文件列表"标签，用户可根据需要，做如下配置。

导出：选中需要导出的配置文件前的复选框，然后单击列表上方的"导出"按钮。

删除：选中需要删除的配置文件前的复选框，然后单击列表上方的"删除"按钮。

备份/恢复：将系统配置恢复到已保存的配置文件或出厂配置，也可以备份当前的系统配置信息。"配置备份 / 恢复"页面如图 13-28 所示。

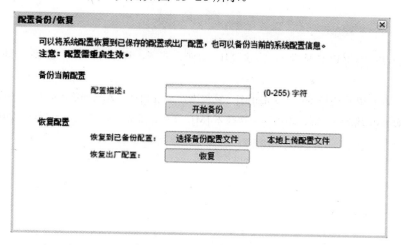

图 13-28　"配置备份 / 恢复"页面

配置文件备份 / 恢复说明见表 13-13。

表 13-13　配置文件备份 / 恢复说明

选　　项	说　　明
备份当前配置	在"配置描述"文本框中为备份的系统配置文件添加描述信息。单击"开始备份"按钮进行备份
恢复配置	恢复到已备份配置 　选择备份配置文件：单击"选择备份配置文件"按钮，从已备份配置文件列表中选择需要的系统配置文件。单击"确定"按钮 　本地上传配置文件：单击"本地上传配置文件"按钮，在"导入配置文件"对话框中，单击"浏览"按钮，并选中需上传的本地配置文件。如需要使配置立即生效，选中复选框，单击"确定"按钮 　恢复出厂配置 　单击"恢复"按钮，弹出"恢复出厂配置"对话框，单击"确定"按钮，设备自动重启

步骤 3：选择"当前系统配置"标签，可以查看系统当前的配置文件。

注意：设备在恢复出厂配置后，所有配置将被删除，包括已备份的系统配置文件。请谨慎操作。

参 考 文 献

[1] STEVENS WR．TCP/IP 详解卷 1：协议 [M]．吴英，张玉，许昱玮，译．北京：机械工业出版社，
     2016．

[2] DOYLE J．TCP/IP 路由技术：第 2 卷 [M]．夏俊杰，译．北京：人民邮电出版社，2017．

[3] 沈鑫剡，魏涛，邵发明，等．路由和交换技术 [M]．2 版．北京：清华大学出版社，2018．